Bibliografische Information der Deutschen Nationalbibliothek:

Die Deutsche Bibliothek verzeichnet diese Publikation in der Deutschen Nationalbibliografie; detaillierte bibliografische Daten sind im Internet über http://dnb.d-nb.de/ abrufbar.

Impressum:

Druck und Bindung: Books on Demand GmbH, Norderstedt Germany
ISBN: 9783640482757

Robert Schilling

Die Anwendung des Energieplanungstools MESAP auf lokaler Ebene - Eine Studie am Beispiel der Gemeinde Nganda / Senegal

GRIN Verlag

Universität Stuttgart
Institut für Energiewirtschaft und Rationelle Energieanwendung IER

Die Anwendung des Energieplanungstools MESAP auf lokaler Ebene

Studie am Beispiel der Gemeinde Nganda / Senegal

Studienarbeit im Hauptfach Energiesysteme

Angefertigt von cand. mach Robert Schilling

April 2004

Inhaltsverzeichnis

Abbildungsverzeichnis

Tabellenverzeichnis

Abkürzungsverzeichnis

BMZ	Bundesministerium für wirtschaftliche Zusammenarbeit
DE	Direction de l´Energie
DEFCCS	Direction des Eaux et Fôrets, Chasses et de la Conservation des Sols
ENEA	Ecole Nationale d´Economie Appliquée
GTZ	Gesellschaft für Technische Zusammenarbeit
IER	Institut für Energiewirtschaft und Rationelle Energieanwendung
KfW	Kreditanstalt für Wiederaufbau
LEA	Labaratoire d´Energétique Appliquée
MESAP	Modular Energy System Analysis and Planning
PERACOD	Promotion de l´Electrification Rurale et de l´Approvisionnement Durable en Combustibles Domestiques
PREDAS	Programme Régional de Promotion des Energies Domestiques
PSACD	Projet sénégalo-allemand Combustibles Domestiques
RES	Referenzenergiesystem
SEMIS	Servis de l´Energie en Milieu Sahélien
SENELEC	Société Nationale d´Electricité du Sénégal

1 Einleitung

Die bedeutendsten Energieträger in den Entwicklungsländern sind in erster Linie Holz und Holzkohle. Im Senegal nimmt Holz einen Anteil von 60 % am Primärenergieverbrauch ein. Zusammen mit einem hohen Bevölkerungswachstum verschärft sich so der Druck auf die existierenden Waldflächen.

Ein Ziel im Projekt PERACOD (Promotion de l'Electrification Rurale et de l'Approvisionnement Durable en Combustibles Domestiques) ist die nachhaltige Energieversorgung der ländlichen Regionen Senegals. In dieser Studie soll exemplarisch der Einsatz des Energieplanungstools MESAP demonstriert werden. Aus den Ergebnissen lassen sich im Idealfall Rückschlüsse auf weiterführende Maßnahmen ziehen. Solche wären zum Beispiel der Einsatz von innovativen Technologien oder die Kommerzialisierung vorhandener Ressourcen.

1.1 Senegal

Die Republik Senegal liegt an der äußersten Westspitze Afrikas und erstreckt sich zwischen dem 12° und 17° nördlicher Breite. Mit dem Atlantischen Ozean als natürliche Grenze im Westen des Landes bilden die Nachbarstaaten Mauretanien, Mali, Guinea und Guinea-Bissau den territorialen Rahmen Senegals. Der Staat Gambia wird von Senegal beinahe vollständig umfasst.

Im Jahre 1960 wurde die ehemalige französische Kolonie politisch unabhängig und steht seit 2000 unter der Führung von Präsident Abdoulaye Wade. Der Regierungssitz befindet sich in der Hauptstadt Dakar. Die Gesamtfläche des Landes mit 196.722 km² ist in zehn Verwaltungsdistrikte aufgeteilt. Die Bevölkerungszahl wurde für Mitte des Jahres 2001 mit 9,8 Mio. Einwohnern angegeben. Dies entspricht einer durchschnittlichen Bevölkerungsdichte von 49 Einwohnern pro km². Die Bevölkerung ist sehr ungleichmäßig auf die einzelnen Regionen verteilt und konzentriert sich im Wesentlichen auf die westlichen Landesteile, namentlich die Ballungsräume Dakar und Saint Louis. Die jährliche Wachstumsrate wird für das Jahr 2000 auf 3 % für ganz Senegal beziffert /The World Bank Group, 2002/. Die Bevölkerung setzt sich hauptsächlich aus acht ethnischen Gruppen zusammen. Neben der Amtssprache Französisch wird in weiten Teilen des Landes die zweite Amtssprache Wolof gesprochen.
Senegal ist in drei klimatische Zonen unterteilt: Sahel, Trockensavanne und Feuchtsavanne.
Die nördliche Hälfte des Landes liegt in der vegetationsarmen Sahelzone, die den Übergangsbereich zur Sahara bildet. Niederschlagsmengen liegen hier bei 400 – 600mm/a. Südlich schließt sich die etwas feuchtere Trockensavanne mit Niederschlagsmengen von 700 – 1000mm/a an. Sie erstreckt sich ungefähr bis zur Grenze zu Gambia. Innerhalb dieser

Region dominiert in der landwirtschaftlichen Nutzung der Anbau der Erdnusspflanze. Zwischen Gambia und der Grenze zu Guinea befindet sich die Feuchtsavanne mit einer deutlich höheren Luftfeuchtigkeit und höheren Niederschlagsmengen bis zu 1400mm/a / Wiese, 1995/. Abbildung 1-1 zeigt die geographische Lage Senegals und die Einteilung der zehn Verwaltungsregionen.

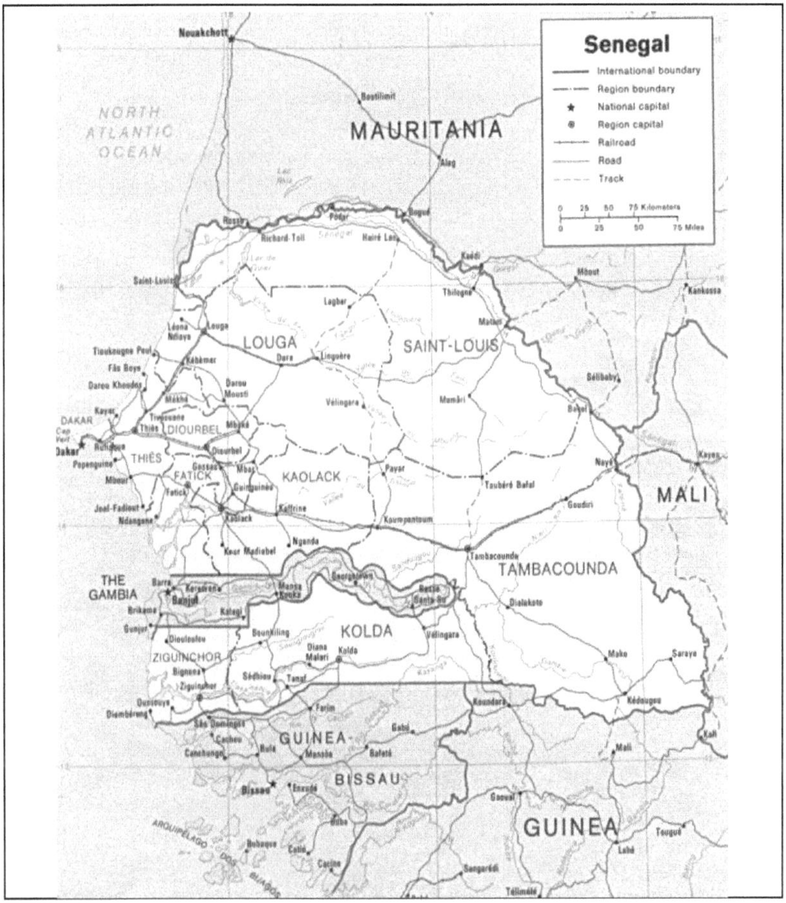

Abbildung 1-1: Die 10 Regionen des Senegal /Waiblinger, 2003/

Ca. 60 % der Erwerbstätigen sind in der Landwirtschaft tätig und erarbeiten rund ein Viertel des Bruttoinlandsproduktes. Kleinbetriebe mit Mischanbau von Nahrungsfrüchten wie Hirse, Mais, Reis, Bohnen und Bananen sowie dem Anbau von Exportprodukten wie Baumwolle oder Erdnüsse bilden die Mehrheit. Wegen nicht ausreichender Ertragsmengen ist der

Senegal auf Importe von Lebensmitteln, in erster Linie Reis, angewiesen. Bis zur Weltwirtschaftskrise in den 80er Jahren gehörte der Senegal zu den wirtschaftlich höher entwickelten Staaten. Dennoch wurde der Senegal in die Liste der „Least Developed Countries" aufgenommen /Stevens, 2001/.
Die Viehwirtschaft ist vor allem für die Savannengebiete des Nordens charakteristisch. Größere wirtschaftliche Bedeutung hat der Fischfang, der sowohl in Binnengewässern als auch im Meer betrieben wird. Neben der Nahrungsproduktion haben die Düngemittelindustrie und die Zementherstellung in der Region Kap Verde Bedeutung. Daneben werden Kalzium – und Aluminiumphosphatvorkommen abgebaut. Vorkommen von Gold, Eisen – und Titanerz sind bisher noch nicht bergbaulich erschlossen / Wiese, 1995 /. Öl – und Gasvorkommen existieren vereinzelt, sind jedoch oftmals wirtschaftlich nicht nutzbar. Im Jahre 1960 wurde im Grenzgebiet zu Guinea-Bissau das „Drome Flore – Feld" mit einer Kapazität von 700Mio. bbl entdeckt / IEA, 2000 /.

1.2 Energiesituation im Senegal

Der Primärenergiebedarf im Senegal wird für das Jahr 1996 mit 2,6 Mio. toe angegeben /WEC, 2003/. Bei den Energieträgern dominiert nach wie vor Holz, wenngleich dessen Anteil zugunsten von Gas in den letzten Jahren merklich abgenommen hat. Beinahe 60 % des Gesamtenergieverbrauchs werden mit Holz gedeckt. Abbildung 1-1 zeigt die Anteile verschiedener Energieträger am Primärenergieverbrauch.

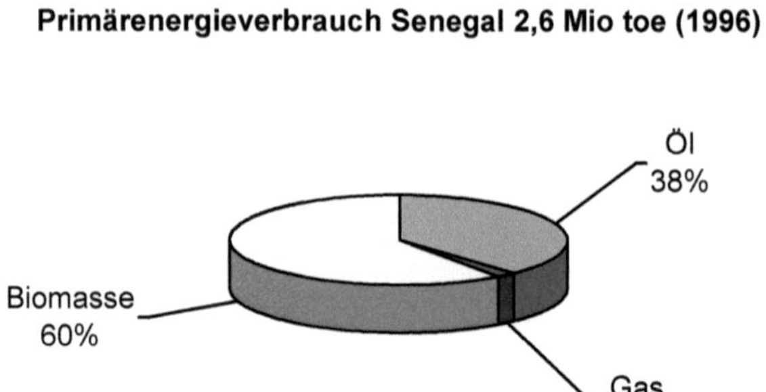

Abbildung 1-2: Anteile der Primärenergieträger im Senegal /DE, 2000/

Vor allem in ländlichen Gebieten ist Holz der typische Haushaltsbrennstoff. Im städtischen Bereich dominieren dagegen Holzkohle und Gas, letzteres wurde durch staatliche Subventionen stark gefördert Elektrizität leistet, mit einem Anteil von 2% am Endenergieverbrauch des Haushaltssektors nur einen geringen Beitrag zur Energieversorgung /DE, 2000 /. Der Bedarf an Elektrizität in urbanen Haushalten steigt dagegen jährlich um 3%.

Abbildung 1-2 und 1-3 zeigen die Verbrauchsstrukturen für Endenergie im Senegal.

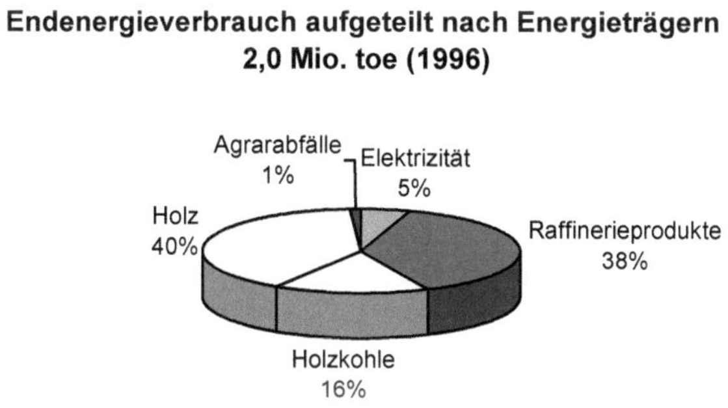

Abbildung 1-3: Endenergieverbrauch aufgeteilt nach Energieträgern /DE, 2000/

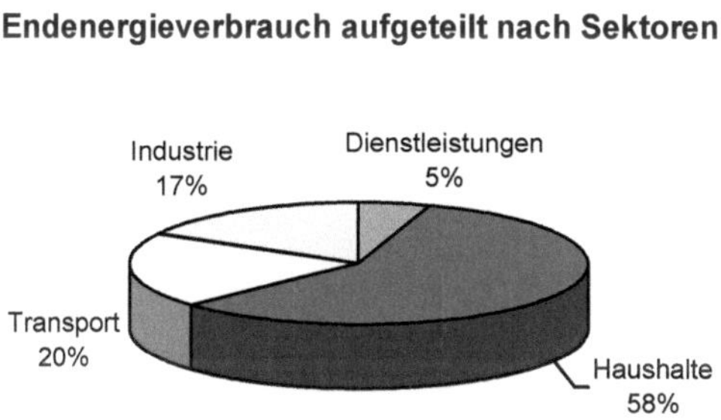

Abbildung 1-4: Endenergieverbrauch aufgeteilt nach Sektoren /DE, 2000/

Im Jahre 2000 lag der Elektrizitätsbedarf bei 1,2 TWh und wurde zum großen Teil mit fossilen Energieträgern aber auch mit Wasserkraft gedeckt. Dabei nimmt der

Energieversorger „Société Nationale d´Electricité du Sénégal“ (SENELEC) eine Monopolstellung ein.

Mit beinahe 60 % Anteil am gesamten Endenergiebedarf beläuft sich der Energieverbrauch des Haushaltssektors auf mehr als 1Mio. toe. In diesem Sektor dominieren die Endenergieträger Holz (66 %) und Holzkohle (26 %). Mit einem Wachstum der Bevölkerung ist ein steigender Bedarf an Haushaltsbrennstoffen verbunden. Ohne einen Eingriff in das nationale Energiesystem würde damit der Druck auf die verbleibenden Waldflächen weiter steigen. Der jährliche Rückgang der Waldfläche belief sich im Zeitraum von 1990 – 2000 auf 45.000 ha / FAO, 2002 /. Jedoch ist nicht nur der Bedarf an Holz für diesen Rückgang verantwortlich, sondern auch Waldbrände und eine landintensive Agrarwirtschaft. Zu den schlimmsten direkten Folgen dieser Entwicklung gehört die Desertifikation.

1.3 Das Projekt PERACOD

PERACOD (Promotion de l´Electrification Rurale et de l´Approvisionnement Durable en Combustibles Domestiques) ist ein GTZ – Projekt im Rahmen der senegalesisch – deutschen Kooperation und wird über das BMZ (Bundesministerium für wirtschaftliche Zusammenarbeit) finanziert. Die globalen Ziele sind:

- Die nachhaltige Bereitstellung von Elektrizität und von
- Haushaltsbrennstoffen

für die ländliche Bevölkerung in den drei Hauptregionen

- Casamance
- Erdnussbecken
- Flussregion

Projektpartner sind sowohl staatliche Einrichtungen („Direction de l´Energie" , „Direction des Eaux, Forêts, Chasse et de la Conservation des Sols") Universitäten (Universität Dakar, IER - Universität Stuttgart) als auch andere Organisationen (ENDA, CSE) zu nennen.

1.4 Der Ansatz und die Zielstellung dieser Studienarbeit

PERACOD sieht ein allgemeines Interventionsschema vor, welches auf die meisten Dörfer im Senegal anwendbar ist, um die unter 1.3 genannten globalen Ziele zu erreichen. Als Energieplanungstool ist MESAP (Modular Energy System Analysis and Planning). Bestandteil dieses Interventionsschemas. Die Zielsetzung dieser Studienarbeit ist es, MESAP

auf lokalem Niveau anzuwenden. Gleichzeitig ist es wichtig, erforderliche Daten für die Simulation zu determinieren und deren Verfügbarkeit zu überprüfen.

Diese Studie befasst sich ausschließlich mit der Brennstoffversorgung der „Gemeinde“ Nganda im Department Kaffrine im Erdnussbecken. Die Gemeinde Nganda umfasst 16 Dörfer. Nganda wurde wegen der verhältnismäßig guten Datenlage ausgewählt. Die Hauptaufgaben bestanden darin, notwendige Daten zu erfassen, ein RES (Referenz-Energie-System) aufzustellen, sowie mit MESAP die lokalen Auswirkungen der einzelnen Strategien zu simulieren. In Abbildung 1-5 ist die Gemeinde Nganda graphisch dargestellt.

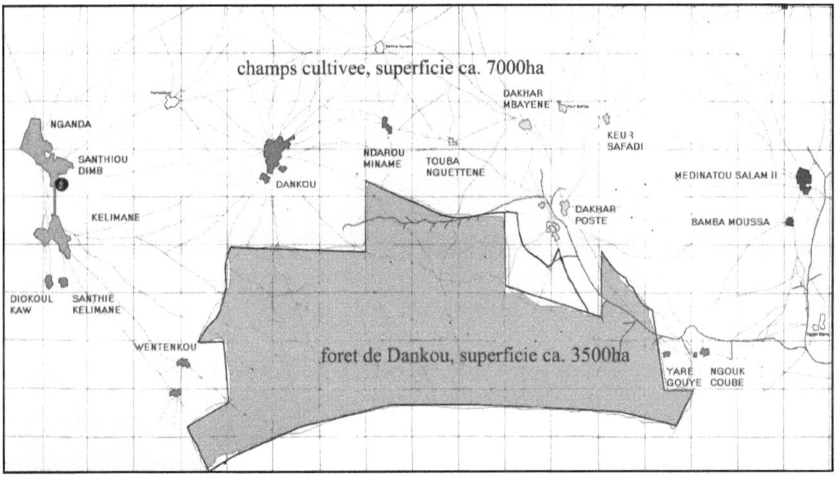

Abbildung 1-5: Die räumliche Ausdehnung des betrachteten Systems /Diouf, 1998/

2 Vorgehensweise und Methodik

Die Vorgehensweise bei dieser Studie folgt im Wesentlichen den verschiedenen Phasen der strukturierten Energieplanung, auf die im Folgenden näher eingegangen werden soll.

2.1 Phasen der strukturierten Energieplanung

Der Prozess der Energieplanung verläuft in einer iterativen Vorgehensweise. Hierbei werden die Daten des betrachteten Energiesystems in regelmäßigen Abständen aktualisiert und die Auswirkung bisheriger Eingriffe kontrolliert. Daraufhin können die weiteren Vorgehensschritte hinsichtlich der Erreichung der gesetzten Ziele angepasst werden. Entsprechend dem Begriff der rationellen Energieanwendung zählen hierzu Maßnahmen, die im Sinne des ökonomischen Prinzips auf einen Energieeinsatz führen, der einen optimalen Faktoreinsatz der genutzten volkswirtschaftlichen Ressourcen Energie, Umwelt, Arbeit und Kapital entspricht. /Voß, 2000/. Die Phasen der strukturierten Energieplanung sind entsprechend ihrer Abfolge in Abbildung 2-1 graphisch dargestellt.

Die erste Phase besteht in der Identifikation von zu verbessernden Punkten bzw. in der Beschreibung von Problemen, die in dem betrachteten Energiesystem auftreten. Hierbei ist es wichtig, das Energiesystem zu analysieren, um Zusammenhänge zwischen den bestehenden Energieflussstrukturen und den sich daraus ergebenden Problemen zu erkennen.

Der nächste Schritt ist die Definition bzw. Festlegung von Zielen zur Erreichung einer Verbesserung gegenüber den im vorhergehenden Schritt definierten Problemen. Ziele können sich somit sowohl auf die Inputs des betrachteten Energiesystems wie Energie- und Stoffströme in das System, sowie auf die outputs also beispielsweise CO_2 – Emissionen beziehen.

In der dritten Phase wird das zu betrachtende Energiesystem definiert, indem zunächst sowohl die räumliche Systemgrenze als auch der zeitliche Planungshorizont festgelegt werden. Anschließend erfolgt der Aufbau eines so genannten Referenzenergiesystems, in dem sämtliche Energie – und Stoffströme definiert werden und der Zusammenhang zwischen Energienachfrage, Energieträgern und Wandlungsprozessen mit Hilfe eines komplexen Gleichungssystems abgebildet wird. Auf diese Weise können die Auswirkungen von Veränderungen einzelner Parameter auf das Energiesystem ermittelt werden.

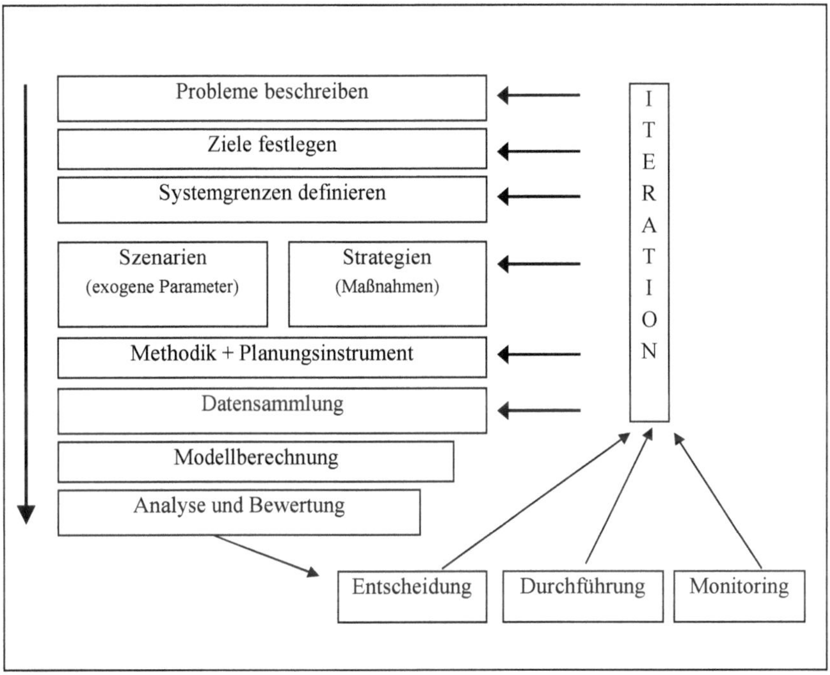

Abbildung 2-1: Ablauf des Energieplanungsprozesses

Die vierte Phase besteht zunächst in der Definition von Szenarien. Mit Hilfe eines Szenarios kann der Einfluss exogener Parameter auf das Energiesystem berücksichtigt werden. Der Begriff exogen bedeutet in diesem Zusammenhang, dass diese Parameter äußere Einflüsse darstellen, die außerhalb des Wirkbereichs des Energieplaners liegen. Bei der Modellierung werden Szenarien eingesetzt, um beispielsweise demographische, wirtschaftliche oder technologische Entwicklungen, langfristige Tendenzen bezüglich der Energiepreise oder des Klimas im Untersuchungsgebiet sowie das Verbraucherverhalten abzubilden. Für eine möglichst realistische Wiedergabe des Energiesystems im Energiemodell ist es erforderlich, diejenigen exogenen Parameter zu identifizieren, welche maßgeblich zur Veränderung der Energieverbrauchsstruktur beitragen. Als treibende Kraft für den Energiebedarf einer Region stellt vor allem in Entwicklungsländern die Bevölkerungsentwicklung die bedeutendste Einflussgröße dar.

Neben der Berücksichtigung exogener Parameter werden im Hinblick auf die definierten Ziele Strategien entwickelt. Strategien stellen den Zusammenschluss verschiedener Maßnahmen dar, die parallel durchgeführt werden können, um eine gezielte Beeinflussung des bestehenden Energiesystems zu erwirken. Zur Entwicklung einer möglichst wirkungsvollen Strategie ist es erforderlich, wirtschaftliche, technische, ökologische, soziologische und andere Randbedingungen bezüglich der Durchführbarkeit der einzelnen Maßnahmen zu beachten. Eine Maßnahme bezieht sich im Allgemeinen auf einen Energieträger oder eine Technologie. Im Rahmen der Modellrechnung kann durch die Unterstellung der Durchführung einzelner Strategien die Auswirkung auf die zukünftige Entwicklung des Energiesystems untersucht werden. Die entwickelten Strategien werden für jedes in Betracht gezogene Szenario durchgerechnet. Dabei kann diejenige Strategie identifiziert werden, die unter allen möglichen zukünftigen Entwicklungen die höchstmögliche Zielerfüllung erreicht.

Im nächsten Schritt erfolgt die Auswahl des Planungsinstruments und der entsprechenden Tools zur Erstellung und Berechnung des mathematischen Modells. Für diese Studie wurde das Simulationsmodell PlaNet von MESAP ausgewählt.

Bevor die Modellrechnung durchgeführt werden kann, erfolgt in Phase sechs die Sammlung der erforderliche Input-Daten für das Energiemodell. Entsprechend dem Modellierungszeitraum werden Daten aus der Vergangenheit, aktuelle Angaben sowie Daten über die zukünftige Entwicklung des Energiesystems erhoben. Um eine möglichst realistische Datenbank für die Modellierung aufzubauen, ist es teilweise erforderlich, mehrere Quellenangaben miteinander zu vergleichen. Innerhalb des Datenbanksystems NetWork besteht hierzu die Möglichkeit, unterschiedliche Datenangaben mit Qualitätsgraden zu klassifizieren. Dies ermöglicht, dass bereits bei noch nicht zufrieden stellender Datenlage erste Modellrechnungen durchgeführt werden können und im weiteren Verlauf Daten mit geringer Zuverlässigkeit leicht wieder gefunden und durch präzisere Angaben ersetzt werden. Mit Hilfe der so erzeugten vorläufigen Modellergebnisse lassen sich Aussagen darüber treffen, welche Daten für die Simulation des Energiesystems einer weiteren Präzisierung bedürfen und in welchen Bereichen eine weitere Datenerhebung erforderlich ist.

Phase sieben der Modellrechnung verläuft damit parallel zu Phase sechs bis die Datensammlung als abgeschlossen angesehen werden kann und die Modellergebnisse der gewünschten Abbildungsgenauigkeit des realen Systems entsprechen.

Anschließend an die Modellberechnung erfolgen in Phase acht die Analyse und Bewertung der Ergebnisse. Die für die einzelnen Strategien in Kombination mit den unterschiedlichen

Szenarien berechneten Entwicklungsperspektiven können mit Hilfe geeigneter graphischer Darstellungen für die Entscheidungsträger transparent gemacht werden. Entsprechend der Darstellungsart lassen sich die Auswirkungen der Strategien auf das Energiesystem in Bezug auf die in Phase zwei gesetzten Ziele direkt ablesen. Bei ungenügender Zielerreichung ist eine Modifikation der Strategien in einem nächsten iterativen Durchlauf erforderlich.

Nach der Erstellung der Endergebnisse erfolgt die Übergabe an die Entscheidungsträger, die durch die Festlegung organisatorischer Maßnahmen zur realen Umsetzung der Strategien das Bindeglied zwischen Realität und Modellierung darstellen. Im weiteren zeitlichen Verlauf lässt sich beobachten, in welchem Maß die entwickelten Strategien eine Veränderung des realen Energiesystems bewirken. Durch fortwährende Beobachtung der bestehenden Situation kann das Energiemodell kontinuierlich mit aktuellen Daten gespeist und der gegenwärtigen Situation angepasst werden. Der strukturierte Energieplanungsprozess wird dabei in seinen einzelnen Schritten erneut in einer weiteren iterativen Schleife durchlaufen, wobei sich sowohl die Problemstellung, die Festlegung der Ziele und damit auch die Definition von Szenarien sowie die Entwicklung von Strategien verändern kann.

2.2 MESAP – Systemarchitektur

MESAP (Modular Energy System Analysis and Planning) ist ein modular aufgebautes Planungsinstrument, das zur Unterstützung von Entscheidungsprozessen bei der Planung, Bilanzierung und Analyse von Energie- und Umweltsystemen mit uneingeschränkten räumliche und zeitlichen Systemgrenzen eingesetzt werden kann. Die Modularität des Systems besteht in der gesonderten Verwaltung von Daten und Modellen, so dass verschiedene Modelle auf eine gemeinsame Datenbasis angewendet werden können.
Die Systemarchitektur lässt sich in drei Ebenen aufgliedern.

- Die zentrale Ebene besteht u .a. aus allgemeinen Werkzeugen, wie der fallstudienorientierten Datenbank NetWork und dem MESAP-Analyst.

- Aus der Modellebene wurde für diese Studie das Modell PlaNet ausgewählt, welches für die Bedarfsanalyse und die Simulation der Energieversorgung konzipiert ist.

- Die Ebene der Informationssysteme besteht aus Elementen, wie der IKARUS-Technologiedatenbank und dem Energieinformationssystem ENIS, die allerdings im weiteren Verlauf nicht zur Anwendung kommen

2.2.1 Das Simulationsmodell PlaNet

Mit dem MESAP-Modul PlaNet lassen sich Energiesystemmodelle generieren, die sich zur Bedarfsanalyse, zur Simulation von Energiesystemen und zur Analyse von Umweltbelastungen eignen. Dieses Modul berechnet die Energie- und Materialflüsse eines Energiesystems, sowie den Ressourcenverbrauch, die Technologiekapazitäten, die Emissionen und die Kosten. Mit PlaNet können für eine Vielzahl von Maßnahmen deren jeweilige Auswirkungen auf Energieverbrauch, Schadstoffemissionen und Kosten des betrachteten Energiesystems analysiert werden /Schlenzig, 1999/. PlaNet besteht aus den Komponenten PlaNet Flow (Flussberechnung) und PlaNet Cost („Kostenberechnung"). Für die Modellierung des Haushaltsenergiesystems in der vorliegenden Studie wurde das Element PlaNet Flow zur Berechnung der Energie-und Stoffströme eingesetzt.

Die strukturelle Darstellung von Energiesystemen erfolgt in PlaNet mit Hilfe des Referenzenergiesystems (RES). Es werden alle Stoff- und Energieströme und deren Umwandlungen von den Rohstoffen bis zur Energiedienstleistung abgebildet. Das Referenzenergiesystem ist aus zwei unterschiedlichen Arten von Objekten aufgebaut. Dies sind zum einen Güter (Commodities) und Prozesse (Processes), die jeweils durch einen oder mehrere Flüsse (Flows) miteinander verbunden sind. Güter beschreiben alle mengenmäßig erfassbaren Quantitäten an Energie und Stoffen. Mit Prozessen wird die Umwandlung eines oder mehrer Güter dargestellt. Flüsse repräsentieren den von einem Prozess verbrauchten oder produzierten Energie- oder Stoffstrom. In Abbildung 2-2 ist beispielhaft ein auf die elementaren Objekte reduziertes RES dargestellt.

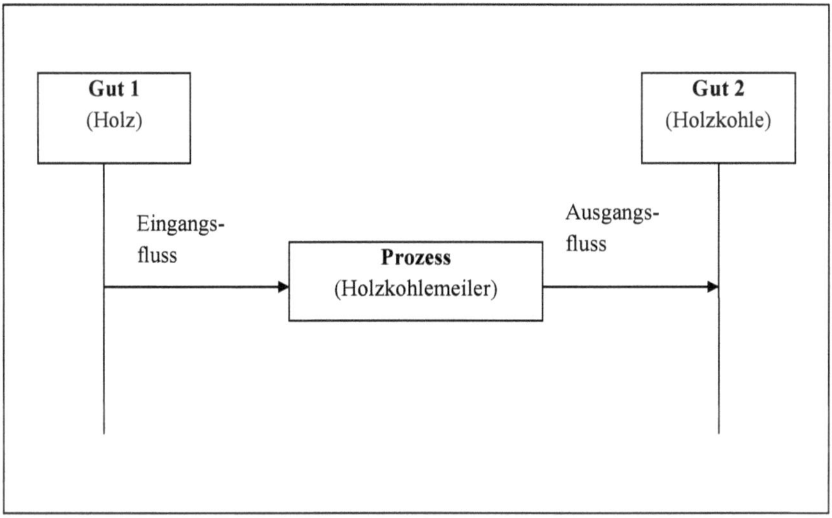

Abbildung 2-2: Prinzipskizze eines RES

2.2.2 Das PlaNet Datenbanksystem NetWork

NetWork ist ein Datenbanksystem zur Verwaltung von Energiesystemdaten, die sich auf ein RES beziehen. Das Modul kann gleichzeitig als Datenbank für Modellrechnungen und als Informationssystem für Fallstudien genutzt werden. Sämtliche Daten werden als so genannte Zeitreihen (Time Series) gespeichert. Diese sind unabhängig von den mathematischen Gleichungen des RES und der Modellierungsperiode des zu betrachtenden Energiesystems. Die Trennung von Modellgleichungen und Modelldaten ermöglicht eine modellunabhängige Verwendung der gespeicherten Daten. Es können auch Daten aufgenommen werden, die zur Simulation nicht notwendig sind.

Bei der Verwaltung der Daten wird zwischen Input-Werten d. h. prozessspezifischen Eigenschaftsdaten oder Modellannahmen und Modellergebnissen wie beispielsweise der Rohstoffverbrauch einzelner Güter oder Emissionen unterschieden.

2.2.3 Der Reportgenerator Analyst

Analyst ist das Tabellenkalkulationsmodell von MESAP. Mittels einfach und schnell erstellbarer Tabellen, Grafiken Berichte und Berechnungen können hier Ergebnisse der Simulationsrechnung visualisiert werden. Die Daten können dabei in alle gewünschten Maßeinheiten umgerechnet werden. Durch Hotlinks zur Datenbank werden die erstellten Berichte immer aktualisiert /Schlenzig, 1998/.

3 Modellierung des Energiesystems

Energiesysteme werden durch die Festlegung der Systemgrenzen, die ein – bzw. austretenden Energie- und Stoffströme sowie deren zeitliche Veränderung definiert. Mit Hilfe einer rechnerunterstützten Modellierung ist es möglich, ein bestehendes Energiesystem zu analysieren. Durch die Ergänzung hypothetischer Prozesse können verschiedene Veränderungen des Energiesystems abgebildet und untersucht werden. Auf diese Weise können unterschiedliche Maßnahmen zur Veränderung eines Energiesystems hinsichtlich einer vorgegebenen Zielerfüllung quantitativ verglichen werden.

In dieser Studie beschränkt sich das Energiesystem auf die Gemeinde Nganda mit insgesamt 16 Dörfern im Department Kaffrine. Innerhalb der Systemgrenzen befindet sich der Forst „Dankou", der für die ansässige Bevölkerung die Hauptlieferquelle an Holz darstellt. Zunächst wird mit Hilfe des Modells für das System der Referenzfall analysiert. Dabei unterstellt der Autor eine während des gesamten Planungshorizontes konstante Verteilung der Energieträger. Anschließend werden verschiedene Strategien entwickelt, mit den Zielen einer Integration vorhandener aber bisher ungenutzter Potenziale (Nutzung von landwirtschaftlichen Abfällen) und einer Senkung des Anteils von Holz am Primärenergieverbrauch.

3.1 Analyserahmen

Der Analyserahmen des Energiemodells wird durch die Wahl des Planungshorizontes in zeitlicher und durch die Definition der Systemgrenzen in räumlicher Ausdehnung festgelegt.

3.1.1 Räumliche Systemgrenzen

Hauptelement innerhalb der Systemgrenzen ist der Forst Dankou mit einer Fläche von 3500ha. Die 16 waldangrenzenden Dörfer sind ihrerseits von Ackerland mit einer Gesamtfläche von ca. 7000ha umgeben. Insgesamt beläuft sich damit die Systemfläche auf ungefähr 10500 ha. Die externe Versorgung der Gemeinde mit fossilen Brennstoffen ist zumindest für den Referenzfall nicht sehr ausgeprägt. Der Export von Brennstoffen kann im Falle einer systeminternen Herstellung von Biokohle von Bedeutung sein.

3.1.2 Zeitlicher Planungshorizont

Der Zweck der Modellrechnung besteht in der theoretischen Abbildung der zeitlichen Entwicklung eines realen Energiesystems. Als Basis für die zukünftige Entwicklung von Systemparametern dient die Extrapolation von Parameterwerten der Vergangenheit. Der zeitliche Planungshorizont dieser Modellrechnung beginnt 2003 und endet 2020. Ein weiter in der Zukunft liegender Planungshorizont wäre mit zunehmenden Unsicherheiten verbunden und damit nicht sinnvoll. Die Bilanzierungsintervalle werden durch Modellperioden im Zeitraum von einem Jahr abgebildet.

3.2 Das Referenzenergiesystem

Das Referenzenergiesystem ist das Kernstück der Modellierung. In der graphischen Ebene werden hier sämtliche Energie- und Stoffströme des Energiesystems mit den jeweiligen Umwandlungsprozessen und Gütern abgebildet.

Das RES lässt sich ganz allgemein in eine Versorgungs- und eine Bedarfsseite aufteilen. Der Energiebedarf wird durch exogene Parameter bestimmt (Einwohneranzahl) – damit kann der Verbrauch einzelner Energieträger auf der Versorgungsseite berechnet werden. Dabei sind alle anfallenden Energiewandlungsprozesse (von Primärenergieträger bis zur Bereitstellung von Endenergie) enthalten. Bei den Energiewandlungsprozessen stehen normalerweise mehrere Umwandlungstechnologien zur Verfügung. Durch die Vergabe von Marktanteilen können in diesen Fällen beliebig viele Varianten der Energiebedarfsdeckung simuliert werden.

Bei den nun folgenden Abbildungen handelt es sich um die grafische Darstellung des Referenzenergiesystems in zwei zusammenhängenden Einzelansichten. In Teil 1 ist die Primärenergieträgerversorgung des Energiesystems Nganda aufgeführt. Der Anschluss zu Teil 2, der die Energiebedarfsseite widerspiegelt, erfolgt über die Nummerierung der einzelnen Flüsse. Bei der Modellberechnung wird von der Bedarfsseite in Richtung Primärenergieträgerversorgung gerechnet. Die Einwohnerzahl, die Anzahl der Haushalte und der Jahresverbrauch an Schichtholz jedes einzelnen Haushaltes (Stand 2003) sind bekannt. Daraus können die Prozesse mittlere Personenzahl pro Haushalt sowie die jährliche Anzahl an Mahlzeiten pro Haushalt (Intensität) berechnet werden. Beide Prozessgrößen bleiben in den Cases 1 - 5 und während des gesamten Planungszeitraumes fix. Die Marktanteile der nun folgenden Energiewandlungsprozesse, gleichbedeutend mit den einzelnen Herdtypen, sind von der Energieträgerverteilung des jeweiligen Case abhängig. Mit den folgenden Verlustprozessen werden einzelne Energieträger zusammengefasst, die sich im gewichtsspezifischen Brennwert oder im Feuchtegehalt voneinander unterscheiden. Die Marktverteilung der einzelnen Karbonisierungstechnologien zur Herstellung von Biokohle sowie Holzkohle ist von Case zu Case verschieden.

Die Primärenergieträger müssen zu den folgenden Energiewandlungsprozessen transportiert werden. Der Transport kann über die Systemgrenzen hinweg (Gas) oder lediglich innerhalb der Systemgrenzen (im Falle von Nganda werden Holz und Holzkohle nicht oder nur in vernachlässigbarem Umfang importiert bzw. exportiert) erfolgen. Im Normalfall ist der Transport mit Energieverlusten behaftet, die in der Modellberechnung berücksichtigt sind.

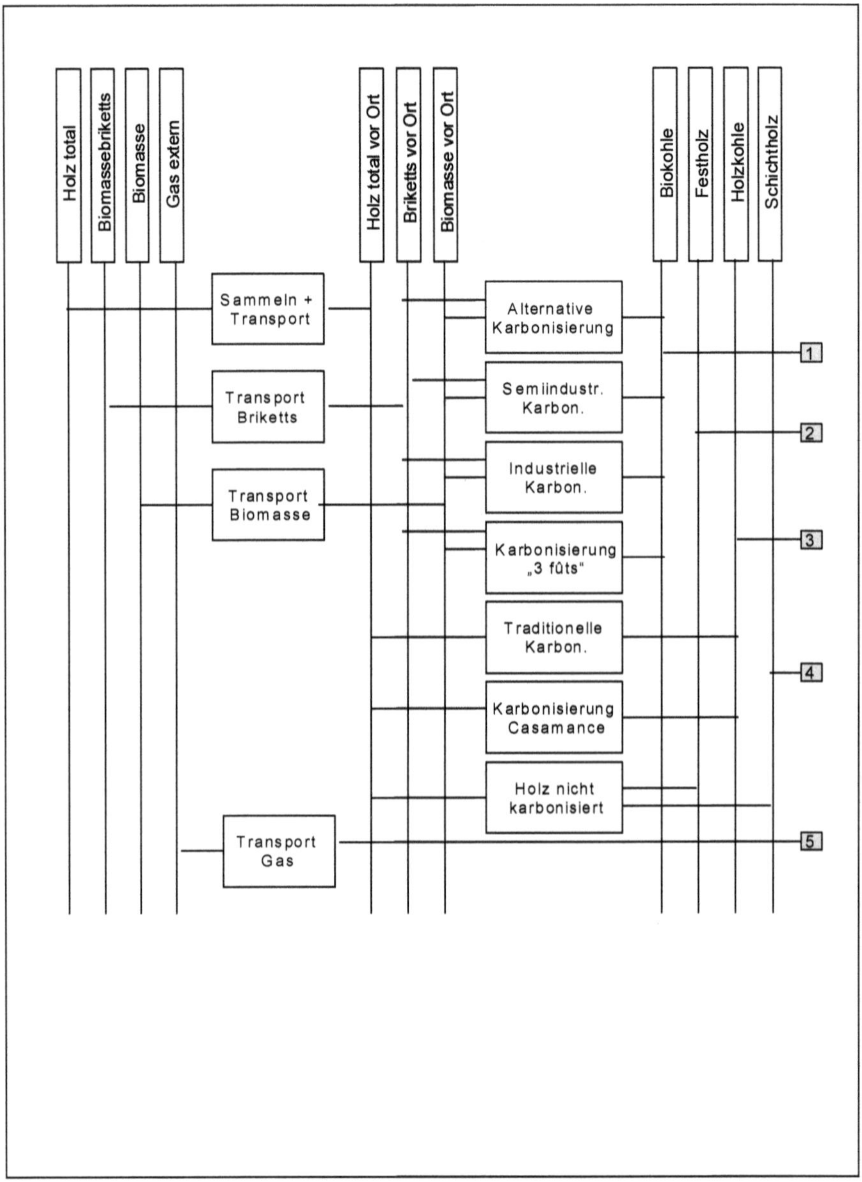

Abbildung 3-1: RES Teil 1

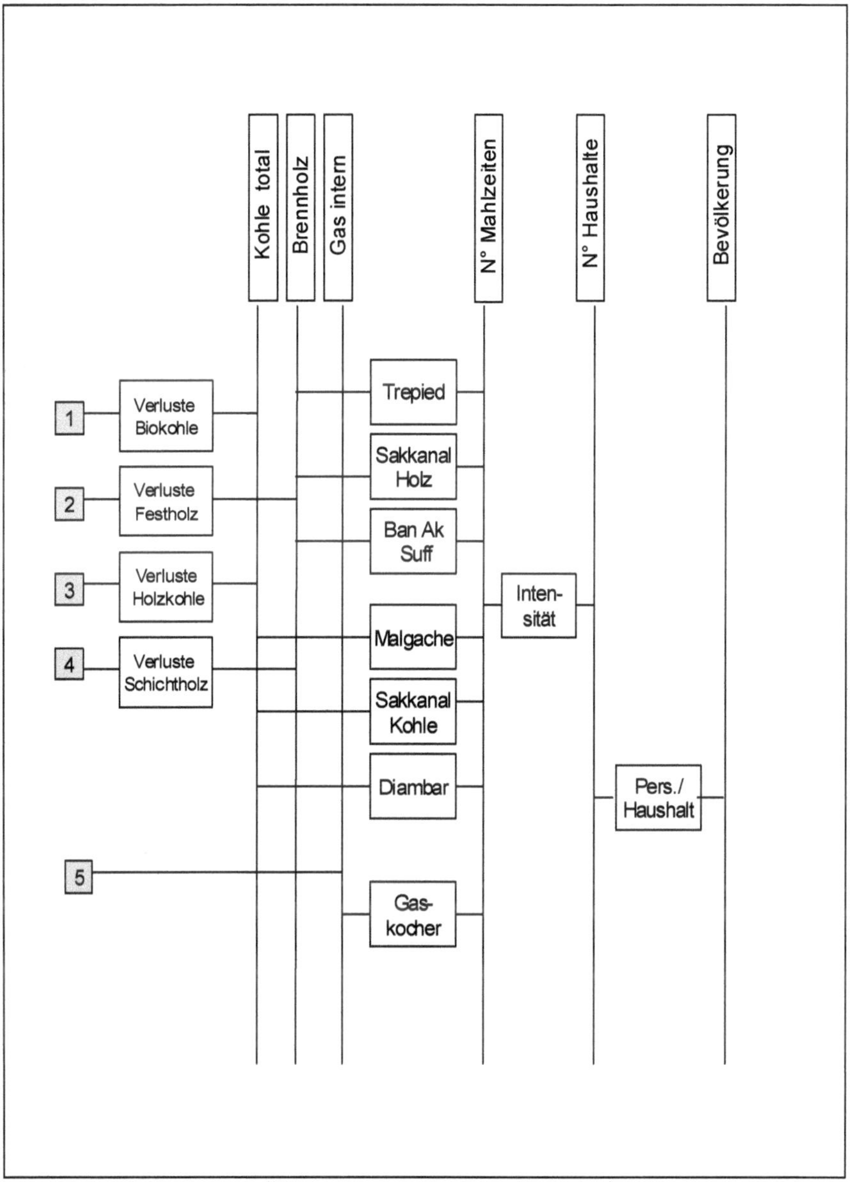

Abbildung 3-2: RES Teil 2

4 Modelldaten

Die Modelldaten gliedern sich in ortsabhängige und ortsunabhängige Daten. Dabei werden die ortsunabhängigen Daten (z. B. Wirkungsgrad einzelner Karbonisierungsmethoden) aus der Literatur übernommen, während ortsabhängige Daten zum großen Teil neu zu erfassen sind. So gibt es zum Beispiel in Nganda im Bereich Landwirtschaft keine nennenswerten Statistiken über Produktion der einzelnen Landwirtschaftsgüter.

a) Zu den ortsabhängigen Daten gehören

- Demographie
- Forstwirtschaft
- Landwirtschaft
- Wirtschaft

b) Ortsunabhängige Daten:

- Karbonisierungsmethoden und deren Eigenschaften
- Brikettierung
- Technologie der einzelnen Herdtypen

Diese Daten sind für die Simulation in MESAP unentbehrlich. Am konkreten Beispiel von Nganda wird Kohle aus Biomasse als zukünftiger Energieträger berücksichtigt. Dazu sind u.a. Kenntnisse der durchschnittlichen jährlichen landwirtschaftlichen Produktion notwendig. Die Daten stammen aus unterschiedlichen Quellen. Durch den direkten Vergleich können mögliche Fehler minimiert werden.

4.1 Demographie und Energieverbrauch

Die meiste Energie wird in Nganda für die Zubereitung von Nahrung verbraucht. Daher bezieht sich diese Studie einzig und allein auf den Energieverbrauch im Haushaltssektor. Das in Tabelle 4-1 aufgelistete jährliche Bevölkerungswachstum bezieht sich auf die ländliche Region Kaolack /DE, 2000/. Die übrigen Daten basieren auf den Angaben der Dorfverwaltung von Nganda sowie der Studie von Coly Faye.

Tabelle 4-1: Demographische Fakten

Bevölkerung	6275 Pers
Anzahl der Haushalte	418
Personen pro Haushalt	15
Jährliches Bevölkerungswachstum (Case Referenz)	2,35 %

Die in Tabelle 4-2 aufgeführte Energieträgerverteilung basiert auf einer Schätzung des Autors.

Tabelle 4-2: Prozentuale Verteilung der einzelnen Energieträger in Bezug auf die Zubereitung aller Mahlzeiten (Case Referenz), 2003

Holz	90 %
Holzkohle	8 %
Gas	2 %

Problematisch ist die in der Literatur gebräuchliche Einheit „Karrenladung", mit der der haushaltsspezifische Verbrauch an Schichtholz bestimmt wird. Die Gewichtsangaben einer Karrenladung weichen in der Literatur stark voneinander ab – von 130 kg bis 260 kg Schichtholz. Der Autor rechnet aus diesem Grund mit dem Wert 190 kg Schichtholz entsprechend einer Karrenladung.

Der Energieverbrauch pro Mahlzeit ist wie folgt definiert:

$$\text{Energieverbrauch} = 2\ \text{kWh} / \text{Wirkungsgrad (Herd)} \qquad (4.1)$$

Zum Vergleich: Eine Mahlzeit wird mit einem Elektroherd (Wirkungsgrad = 90 %, Leistung = 1000W) in zwei Stunden zubereitet.

Tabelle 4-3: Intensität eines Haushaltes

Durchschnittliche Intensität eines Haushaltes – Stand 2003	3182 kg Schichtholz / Jahr
Anzahl der Mahlzeiten eines Haushaltes pro Jahr	1254

Die Anzahl der Mahlzeiten ergibt sich aus der durchschnittlichen Intensität von 3182 kg Holz eines Haushaltes /Faye, 2003/ und der Annahme eines Holzanteils von 90 % in Bezug auf die Gesamtheit aller zubereiteten Mahlzeiten. Für die weiteren Modellrechnungen wird die durchschnittliche Anzahl der Mahlzeiten pro Haushalt als Basisgröße verwendet und während des gesamten Planungszeitraumes konstant gehalten.
Anmerkung: Auf nationalem Niveau beträgt die Intensität 3320 kg Holz pro Haushalt (bei Haushalten, deren Energieverbrauch vorwiegend durch Holz gedeckt wird) /CILSS, 2000/.

4.2 Forstwirtschaft

In der Literatur unterscheidet man zwischen Schichtholz und Festholz (ungeschlagenem Holz). Das volumenspezifische Gewicht von Festholz ist, bei gleicher Holzsorte, doppelt so hoch wie bei Schichtholz.

Tabelle 4-4: Forstdaten

Waldfläche des Forstes von Dankou		3500 ha
Schichtholz		1m³ = 236 kg
Festholz		1m³ = 500 kg
	m³	t
Volumen des pro Jahr nachwachsenden Holz	4900	Ca. 2500
Davon Energieholz	1700	850
Verbrauch an Schichtholz für den direkten Einsatz zum Kochen pro Jahr im System Nganda		1330
Verbrauch an Schichtholz pro Jahr zur Holzkohleherstellung		300
Gesamtverbrauch an Schichtholz pro Jahr		1630

Die Angaben beziehen sich auf den derzeitigen Verbrauch (Stand 2003). Offiziell ist es der Dorfbevölkerung untersagt, im Wald Holz zu schlagen. Dennoch existieren illegale Meiler zur Herstellung von Holzkohle. Dies wird in der Studie berücksichtigt. Allerdings ist es sehr schwer, genaue Aussagen über den tatsächlichen Holzkohleverbrauch der Dorfbevölkerung zu treffen. Das Schichtholz für den direkten Einsatz zum Kochen stammt vollständig aus dem Wald innerhalb der räumlichen Systemgrenzen. Der Gesamtverbrauch an Schichtholz inklusive dem Verbrauch an Schichtholz zur Kohleherstellung kann auch Schichtholz beinhalten, welches aus Wäldern außerhalb der räumlichen Systemgrenzen stammt.

Dies hängt davon ab, wieviel Holzkohle aus (illegalen) Meilern innerhalb der Systemgrenzen stammt.

Im Referenzfall werden während des betrachteten Zeitraumes 8 % aller Mahlzeiten mit Holzkohle zubereitet / Tabelle 4-2/. Dieser Wert steigt im Falle einer positiven Entwicklung der Einkommensklassen dramatisch an.

Die Berechnung des Verbrauchs an Schichtholz im System für den direkten Einsatz zum Kochen pro Jahr ist im Folgenden erläutert.

Beispiel : Case Referenz (Stand 2003)

418 (Haushalte) *
1254 (Mahlzeiten pro Haushalt) *
90 % (Anteil des Energieträgers Holz für die Zubereitung aller Mahlzeiten) *
100 % (Anteil des Kochers „Trepied" an der Gesamtheit aller Kocher basierend auf dem Energieträger Holz) *
2,82 kg (benötigte Menge an Holz pro Mahlzeit – „Trepied")
= 1330 000 kg Schichtholz
= 1330 t Schichtholz

4.3 Landwirtschaft

Nach wie vor stellt die Landwirtschaft für die Bevölkerung die Haupteinnahmequelle dar. Hauptsächlich wird folgendes angebaut:

- Erdnuss
- Hirse / „Sorgho"
- Mais

Die prozentuale Verteilung der einzelnen Pflanzensorten in Bezug auf die Anbaufläche zu ermitteln gestaltet sich schwierig. Eine exakte Aussage über die jährliche Produktion der einzelnen landwirtschaftlichen Güter zu treffen, ist ebenso mit Komplikationen verbunden. Die Gründe dafür sind:

- Offiziell existieren keine Daten über die landwirtschaftliche Produktion in Nganda.
- Daten der letzten Jahrzehnte sind nur auf nationalem Niveau erhältlich.
- Die extremen klimatischen Schwankungen in der Region beeinflussen die landwirtschaftliche Produktion.

Aus diesen Gründen sind nur grobe Aussagen über die durchschnittliche jährliche Produktion möglich. Die Literaturangaben hinsichtlich der Produktions-/Ertragsangaben variieren zum Teil beträchtlich.

In der Studie verwendet der Autor daher möglichst kleine Werte, um den aus oben genannten Gründen resultierenden Unsicherheitsfaktor ausreichend zu berücksichtigen.

Tabelle 4-5: Landwirtschaftliche Produktion an Gütern und Abfällen /ENEA/

	Mais	Reis	Hirse/Sorgho	Erdnuss
Produktion an Gütern (kg/ha)	500	1500	400	400
Produktion an landwirtschaftlichen Abfällen (kg/ha)	2250	2200	1870	100
Wirkungsgrad bei der Herstellung von „Biokohle“ aus Abfällen	0,25 – 0,5	0,4	0,25 – 0,5	0,25 – 0,5

Tabelle 4-6: Anteil der einzelnen Nutzpflanzen an der Gesamtackerfläche

Erdnuss	40 %
Hirse	30 %
Sorgho	20 %
Mais	10 %

Die Verteilung der einzelnen Nutzpflanzen in Bezug auf die gesamte Anbaufläche ist schwierig zu bestimmen. Sie hängt von vielen Faktoren ab, wie z. B. der Verfügbarkeit an Samengut, klimatischer Einflüsse (Dürreperioden beeinflussen die Ertragskraft der einzelnen Pflanzen unterschiedlich stark). Daher ist die in Tabelle 4-6 angegebene Verteilung nur eine Schätzung des Autors, basierend auf eingehenden Befragungen der Dorfbevölkerung.

Mit einer gesamten Anbaufläche von ca. 7000ha /Diouf, 1998/ ergibt sich der in Tabelle 4-7 abgebildete Ertrag. Daraus resultieren die jährlich zur Verfügung stehenden landwirtschaftlichen Abfälle, unterteilt nach der Pflanzensorte.

Tabelle 4-7: Ertrag von Landwirtschaftsgütern – Produktion von Bioabfällen

	Erdnuss	Hirse	Sorgho	Mais
Ertrag (Tonnen/a)	1126	845	563	352
Produktion von „Bioabfällen" (Tonnen/a)	282	3950	2632	1584

Zusammengefasst ergibt sich eine jährliche Produktion landwirtschaftlicher Abfälle von ca. 8450 Tonnen. Davon wird ein Teil für Bauzwecke oder als Viehfutter verbraucht. Ein großer Teil verrottet oder wird verbrannt. Diese Anteile konnten während des Aufenthaltes im Senegal nicht bestimmt werden.

Daher wird für die Modellberechnungen ein relativ geringer Anteil (10 %) der gesamten Abfälle für die weitere Nutzung reserviert, siehe auch Tabelle 4-8.

Tabelle 4-8: Produktionspotential von Biokohle

Gesamte Produktion an „Bioabfällen" (Tonnen/a)	8450
Für die Karbonisierung reservierter Anteil der Bioabfälle (Tonnen/a)	845
Mögliche Produktion an „Biokohle" (Tonnen/a)	210

4.4 Der Zusammenhang zwischen Kaufkraft und der Verteilung von Energieträgern

Die Einkommensverteilung ist ein wichtiger Faktor bei der Beurteilung der Energieträgerverteilung einer Gesellschaft. Je höher die Kaufkraft ist, desto größer ist in der Regel der Anteil an hochwertigen Brennstoffen wie Gas.

Neben dem gegenüber Holz oder Holzkohle überproportional hohen Preis, ist jedoch auch die mangelhafte Verfügbarkeit von Gas ein wesentlicher Grund für dessen momentan marginale Verbreitung in Nganda, s. Abbildung 4-1.

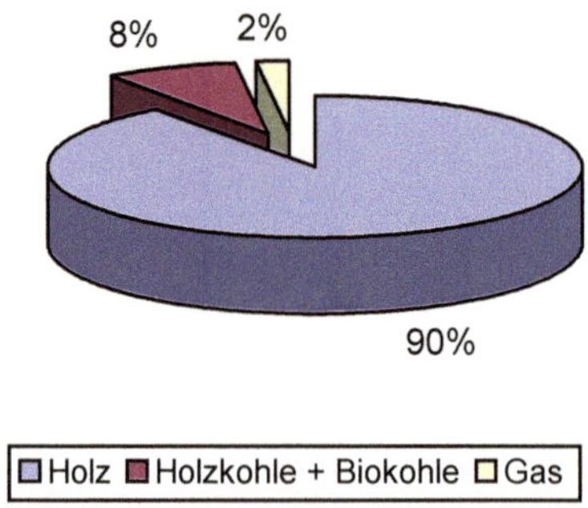

Abbildung 4-1: Prozentuale Verteilung der zum Kochen verwendeten Energieträger, Nganda / 2003

Basierend auf einer Studie von Ina Kersten /Kersten, 2001/ nimmt der Autor im Falle einer positiven wirtschaftlichen Entwicklung eine Verteilung der Energieträger von Nganda im Jahre 2020 an, die ungefähr jener des Umlandes von Kaolack im Jahre 2003 entspricht. Dies ist grafisch in Abbildung 4-2 dargestellt.
Eine positive wirtschaftliche Entwicklung geht einher mit einem kontinuierlich steigenden Pro-Kopf-Einkommen.

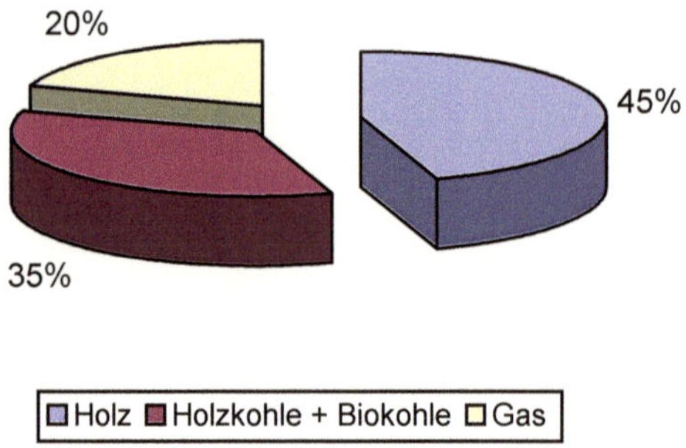

Abbildung 4-2: Prozentuale Verteilung der zum Kochen verwendeten Energieträger im Falle einer positiven wirtschaftlichen Entwicklung, Nganda / 2020

Eine positive Entwicklung der Einkommensverteilung wird dabei vorausgesetzt. Für den Fall einer stagnierenden Kaufkraft bzw. einer negativen Einkommensentwicklung der Gemeinde

Nganda muss die Energieträgerverteilung selbstverständlich neu bewertet werden. Diesem Fall wird in der Simulation ebenfalls Rechnung getragen.

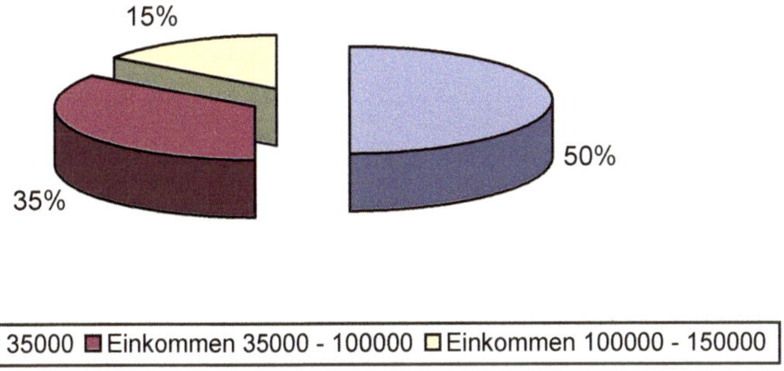

Abbildung 4-3: Verteilung der Haushaltseinkommen in Nganda / 2003 in FCFA/Monat

Die in Abbildung 4-3 gezeigte Einkommensverteilung von Nganda beruht auf Schätzwerten und punktuellen Befragungen in ca. 20 Familien, durchgeführt in vier Dörfern. Im Falle einer positiven Einkommensentwicklung, siehe Abbildung 4-4, ähnelt die Einkommensstruktur von Nganda im Jahre 2020 jener von Kaolack/Umland im Jahre 2003 /Kersten, 1998/.

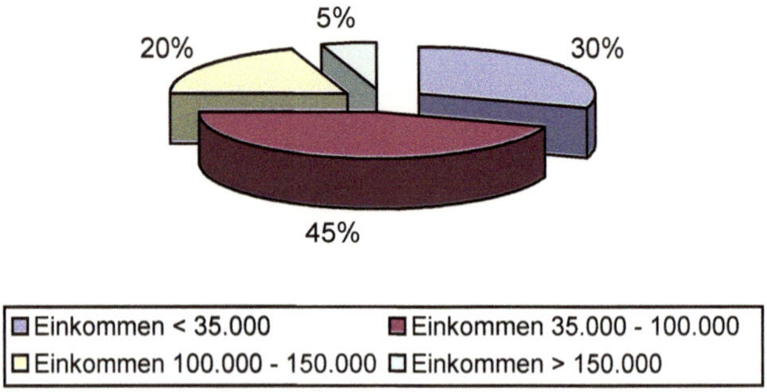

Abbildung 4-4: Verteilung der Haushaltseinkommen in Nganda / 2020 in FCFA/Monat - nach positiver Entwicklung der Einkommensverteilung

Im Falle einer negativen wirtschaftlichen Entwicklung – gleichbedeutend mit einem stagnierenden oder sogar abnehmenden Pro-Kopf-Einkommen – verändert sich die Einkommensverteilung von Nganda im Jahre 2020 im Vergleich zu jener von 2003 nur unwesentlich. Entsprechendes gilt für die Energieträgerverteilung.

4.5 Auflistung und Beschreibung der gebräuchlichsten Herdtypen

Nach wie vor ist in Nganda der „Trepied" der hauptsächlich verwendete Herdtyp. Die energiesparenden Herdtypen wie der „Diambar" oder der „Ban Ak Suff" spielen noch keine bedeutende Rolle bei der Nahrungszubereitung. Bei den gewichtsspezifischen Energiewerten muss der niedrigere Brennwert von Biokohle gegenüber dem von Holzkohle in der Simulation berücksichtigt werden. Der Verbrauch der Energieträger in Tabelle 4-9 bezieht sich auf die Zubereitung einer Mahlzeit.

Tabelle 4-9: Auflistung der Herdtypen

Herdtyp	Wirkungsgrad	Verbrauchte Energiemenge pro Mahlzeit (Mj)	Energieträger	Gewichtsspezifischer Energiewert des Energieträgers (Mj/kg)	Verbrauchte Energieträger menge pro Mahlzeit (kg)
Trépied	0,15	48	Holz	17	2,82
Sakkanal	0,2	36	Holz	17	2,12
Ban Ak Suff	0,25	28,8	Holz	17	1,69
Malgache	0,2	36	Holzkohle	29	1,24
Malgache	0,2	36	Biokohle	ca. 17	2,12
Sakkanal	0,25	28,8	Holzkohle	29	0,99
Sakkanal	0,25	28,8	Biokohle	ca. 17	1,69
Diambar	0,3	24	Holzkole	29	0,83
Diambar	0,3	24	Biokohle	ca. 17	1,42
Kerosinkocher	0,4	18	Kerosin	43	0,42
Gaskocher	0,45	16	Gas	45	0,35

4.6 Karbonisierung

Die Karbonisierung wird im Rahmen dieser Studie unterteilt in Karbonisierung von Holz sowie von Biomasse. Die Wirkungsgrade sind gewichtsbezogen. Die Wirkungsgrade der Methode „3 fûts“ variieren je nach verwendeter Biomasse zwischen 0,2 und 0,3. Auf diese Methode wird später noch eingegangen. Als Biomasse dienen eine Vielzahl von Nutz- und Kulturpflanzenabfällen. Jedoch ist nicht jede Pflanze gleich gut zur Karbonisierung geeignet. Der eigentliche Verfahrensprozess der Karbonisierung verläuft nach einem konkreten Schema ab. Die Prozessparameter wie Verkohlungszeit, Feuchtegrad und Spangröße des Einsatzmaterials müssen bekannt sein und eingehalten werden.

Tabelle 4-10: Karbonisierung von Biomasse (außer Holz)

Typ	Wirkungsgrad
Herkömmliche Karbonisierung	0,17
Semiindustrielle Karbonisierung	0,2
Industrielle Karbonisierung	0,3
Karbonisierung, Methode „3 fûts“	0,2 – 0,3

Zu beachten ist ferner die relativ geringe Erfahrung im Bereich Karbonisierung von Biomasse verglichen mit dem seit Generationen bekannten Wissen der Herstellung von Holzkohle.
Bei der Verkohlung von Holz überwiegt im Senegal die traditionelle Karbonisierung. Die Karbonisierung „Casamancaise“ konnte sich bislang nicht durchsetzen.

Tabelle 4-11: Karbonisierung von Holz

Typ	Wirkungsgrad
Traditionelle Karbonisierung	0,18
Karbonisierung „Casamancaise“	0,25

5 Auswirkungen des Gaspreises auf das Verbraucherverhalten

Um den Energieträger Gas in den städtischen Haushalten zu etablieren, begann der Staat Senegal in den 80´er Jahren, Gas zu subventionieren. Der Siegeszug von Gas seitdem ist beeindruckend: Mehr als die Hälfte aller städtischen Haushalte im Senegal benutzt vorrangig Gas zu Kochzwecken. Auf dem Land konnte sich dieser Trend allerdings bisher noch nicht durchsetzen.

In der Zeit von 1998 bis 2002 wurde die Subvention von Gas schrittweise abgebaut. Interessanterweise hatte diese wirtschaftspolitische Entscheidung bisher noch keine nennenswerten Auswirkungen auf das Gasangebot und dem damit einhergehendem nationalen Gasabsatz gehabt. In der Zeit von 1998 bis 2002 ist das Gasangebot von 87.000 Tonnen Gas um 35.000 Tonnen auf 112.000 Tonnen Gas angestiegen, siehe Abbildung 5-1. Im Vergleich dazu ist zwischen 1994 und 1998 das Gasangebot um 27.000 Tonnen Gas angestiegen. Seit Beginn des Subventionsabbaus sind die jährlichen Wachstumsraten des Gasangebots von 11 % auf 7 – 8 % gesunken.

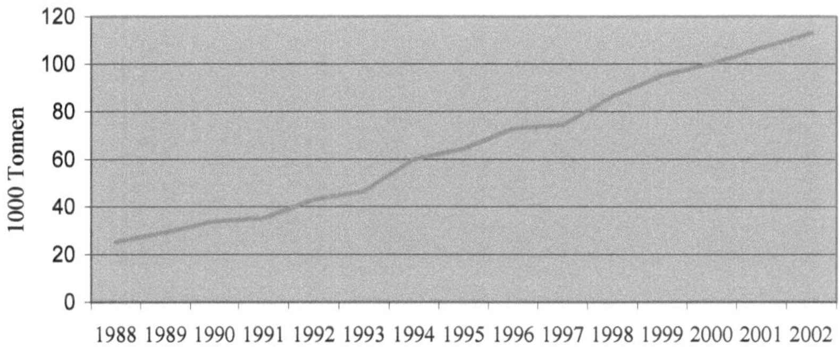

Abbildung 5-1: Entwicklung des Gasangebotes im Senegal /WEC, 2003/

Allerdings ist der Subventionsabbau erst seit zwei Jahren vollständig abgeschlossen. Diese relativ kurze Zeitspanne reicht wohl nicht aus, um exakte Prognosen über den langfristigen Verlauf des Gasverbrauches treffen zu können. Kurzfristig zeigt sich jedoch ein weiterhin steigender Trend im Gasverbrauch.

5.1 Prognosen bezüglich der Entwicklung des Energieträgers Gas in Nganda

In Nganda ist der Gasverbrauch aus den in Kapitel 4.4 angedeuteten Gründen gering. Eine unzureichende Infrastruktur, der hohe Preis gegenüber Holz und die mangelnde Verfügbarkeit behindern eine entscheidende Verbreitung von Gas in den Haushalten. Bislang konzentrierten sich die großen Ölfirmen wie TOTAL und Shell auf das Gas-Geschäft im städtischen Bereich. Der Hauptanteil der Gaslagerstätten befindet sich in Dakar. Dennoch dringen die Energiefirmen schrittweise in die vom „Gasboom" ausgeschlossenen ländlichen Regionen vor und installieren dort Gaslager, um neue Absatzmärkte zu erschließen /Ibrahima Diallo, Comité National des hydrocarbures/. Diese ländlichen Absatzmärkte sind für die Energieversorger sicher nur dann interessant, wenn ein Mindestabsatz an Gas gewährleistet wird und damit das dazu nötige Kapital der Zielbevölkerung zu Verfügung steht.

Im Falle einer verstärkten ländlichen Gasversorgung würden zunächst die regionalen Wirtschaftszentren von einem ausreichenden Gasangebot profitieren können. Das Nganda nächstgelegene Wirtschaftszentrum ist die Stadt Kaffrine. Damit Gastransporte von Kaffrine nach Nganda ökonomisch sinnvoll werden, muss die Gas-Abnehmeranzahl in Nganda ausreichend groß sein. Dies setzt eine positive Einkommensentwicklung in ausreichendem Maße voraus.

6 Karbonisierungsmethode „3 fûts“

Die Karbonisierungsanlage „3 fûts“ (franz. Fût – Faß) besteht im Wesentlichen aus drei miteinander verbundenen Fässern und einem abnehmbaren kegelförmigen Deckel. Dank ihrer kompakten Bauweise ist sie transportabel. Sie besticht durch eine einfache Betriebsweise: Nachdem das Einsatzmaterial eingefüllt ist, wird es durch den Arbeiter komprimiert – ähnlich der Funktionsweise einer mittelalterlichen Weintraubenpresse. Der Deckel wird nun aufgesetzt, um das Einsatzmaterial durch ein im Deckel befindliches Loch in Brand zu setzen. Anhand der austretenden Rauchfarbe kann der erfahrene Arbeiter die einzelnen Phasen des Karbonisationsprozesses bestimmen. Nach ca. 90 Minuten, je nach Einsatzmaterial, ist der Karbonisationsprozess abgeschlossen. Es folgt eine zweistündige Abkühlungsphase. Die verkohlte Biomasse ist allerdings noch nicht für den praktischen Einsatz geeignet und muss dazu mit einem speziellen Bindemittel behandelt werden. Es folgt die Brikettierung. Mit einer Anlage können pro Tag ca. 200 kg verkohlte Biomasse hergestellt werden /PREDAS, 2003/. Diese Angabe variiert mit der Art des Einsatzmaterials.

In Abbildung 6 – 1 ist die Karbonisierungsanlage skizziert

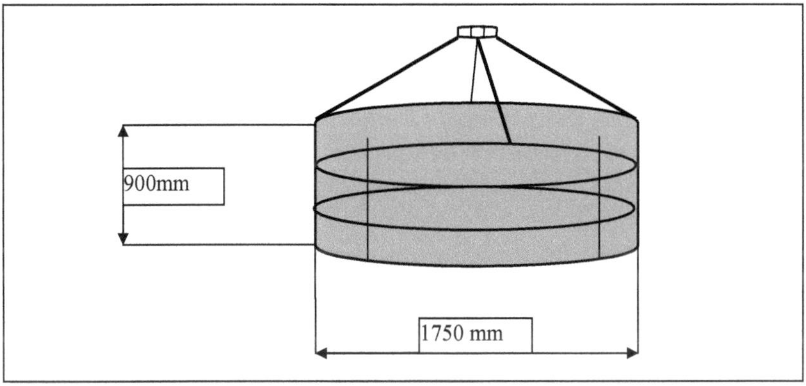

Abbildung 6–1: Aufbau einer Karbonisierungsanlage „3 fûts“

7 Szenarien und Strategien

Die Input – und Outputflüsse des betrachteten Energiesystems können sich während eines bestimmten Zeitraumes aufgrund äußerer Einflussgrößen dynamisch verändern. Solche exogene Parameter stehen außerhalb des Einflussbereiches des Energieplaners – sie werden in der Modellierung mit Hilfe von Szenarien abgebildet. Vom Energieplaner angewendete Maßnahmen, die gewollte Effekte im Energiesystem hervorrufen, bezeichnet man als Strategien.

7.1 Beschreibung der Szenarien

Direkten Einfluss auf die Anzahl der zubereiteten Mahlzeiten und damit dem Energieverbrauch hat die Bevölkerung. Ein steigendes oder fallendes Bevölkerungswachstum kann viele Ursachen haben. Ein Grund für das momentan, im Vergleich zu urbanen Bereichen, geringere Bevölkerungswachstum in Nganda resultiert v. a. aus dem Phänomen der Landflucht. Die Landflucht ihrerseits ergibt sich aus der Armut und der beruflichen Perspektivlosigkeit insbesondere der Jugend sowie der Magnetwirkung großer Städte wie Dakar. Krankheit, Dürrekatastrophen, Krieg und Vertreibung können weitere Gründe für ein verhältnismäßig geringes Bevölkerungswachstum oder sogar einen Bevölkerungsrückgang sein.

Im Umkehrschluss würde das Bevölkerungswachstum in Nganda ansteigen, sobald dort eine wirtschaftliche Verbesserung einträte, mit den Charakteristika einer positiven Einkommensentwicklung und einer geringeren Arbeitslosigkeit als bisher. Damit sind jeweils die Szenarien „Positive Wirtschaftliche Entwicklung“ und „Anstieg des Bevölkerungswachstums“ sowie „Negative Wirtschaftliche Entwicklung“ und „Abnahme des Bevölkerungswachstums“ untrennbar miteinander verbunden. Ferner repräsentiert das Referenzszenario den Ist-Zustand mit einem durchschnittlichen Bevölkerungswachstum von 2,35 % / Jahr /DE, 2000/.

In Abbildung 6-1 ist die Bevölkerungsentwicklung entsprechend den Szenarien über dem Betrachtungszeitraum graphisch dargestellt.

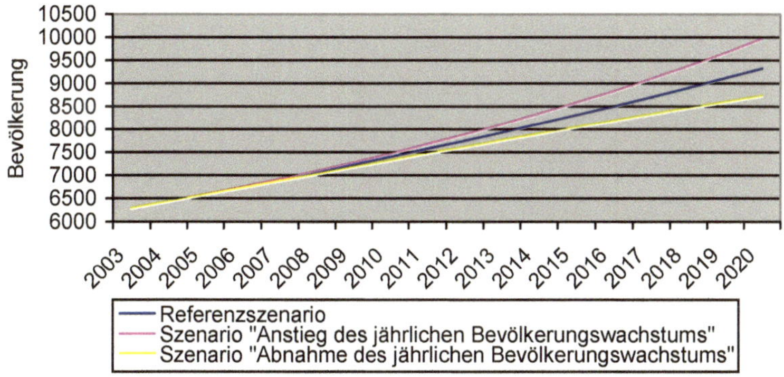

Abbildung 7-1: Entwicklung des Bevölkerungswachstums in Nganda

7.2 Beschreibung der Strategien

Das Globalziel aller Strategien ist es, den anthropogenen Druck auf die anliegenden Wälder in solcher Weise abzufedern, dass diese langfristig erhalten bleiben und genutzt werden können. Die Situation in Bezug auf die Nutzung des Waldes in Nganda ist im Vergleich zu einer Vielzahl anderer senegalesischer Gemeinden entschärft. Dieser Studie vorausgegangene Projektmaßnahmen haben dazu beigetragen, dass der Wald nachhaltig genutzt wird. Sollte der Holzanteil an der Primärenergieversorgung in Nganda jedoch nicht sinken, ist der Übertritt der Schwelle von Nachhaltigkeit zu Raubbau eine Frage der Zeit, abhängig vom zukünftigen Bevölkerungswachstum.

Die Strategien unterscheiden sich in Maßnahmen mit dem Ziel, den Holzanteil an der Primärenergieversorgung zu senken, sowie in Maßnahmen mit dem Ziel den absoluten Holzverbrauch durch technische Verbesserungen zu senken. Zur ersten Kategorie zählen die Strategien „Karbonisierungsmethode 3 fûts", sowie „Einführung des Energieträgers Gas". Zur zweiten Kategorie zählt die Strategie „Einführung verbesserter Herdtypen".

7.2.1 Karbonisierungsmethode „3 fûts"

Bei dieser Methode wird in einem Behälter, bestehend aus drei zusammengefügten Fässern (franz. *fût* : Tonne, Fass), Biomasse karbonisiert. Diese relativ neue Technik wurde bereits in Mali mit Rohrkolben (Typha) als Einsatzmaterial erprobt /PREDAS, 2003/. Ziel ist es, örtlich verfügbare Biomasse und –abfälle energetisch zu nutzen. Im Vergleich zu (semi-) industriellen

Karbonisierungsverfahren besticht diese Methode durch geringe Kosten, eine hohe Mobilität und einen akzeptablen Wirkungsgrad. Es kann zudem eine Vielzahl an verschiedenen Biomasseabfällen karbonisiert werden. Die karbonisierte Biomasse ist allerdings nicht sofort nutzbar, sondern benötigt in einer separaten Brikettierungs-Anlage einen letzten Bearbeitungsschritt.

7.2.2 Einführung von Gas

Unter den in Kapitel 5 schon angesprochenen Rahmenbedingungen ist die breite Einführung von Gas (-kochern) eine interessante Option. Ein Problem bei der Einführung von neuen umweltschonenden Techniken ist oftmals deren mangelnde Akzeptanz auf Seiten der Bevölkerung. Dieses Problem entfällt bei der Einführung von Gas (-kochern). Die komfortablere Handhabung von Gaskochern gegenüber Holzkochern sowie der Entfall einer täglichen Brennholzsuche sind die Gründe dafür.

Da momentan die zur Anschaffung einer Gaskartusche notwendigen finanziellen Mittel bei einem Großteil der Bevölkerung noch nicht ausreichen, könnte übergangsweise ein Kreditvergabesystem der Verbreitung von Gas zum Durchbruch verhelfen: Hierzu kauft der Gemeinderat eine größere Anzahl von Gaskartuschen. Die Gaskartuschen sind nun gegen eine vorher festgelegte Anzahlung erwerbbar. Der Rest wird unter einem bestimmten Zinssatz in Raten abbezahlt. Dieses System bedarf, um zum praktischen Einsatz gelangen, einer tiefer gehenden Ausarbeitung, ist vom Prinzip her aber erfolgsversprechend.

Hier würde sich die Strategie auf die finanzielle Unterstützung einerseits des Gemeinderates zum Ankauf von Gaskartuschen andererseits der Bevölkerung zum Kauf von Gaskochern beziehen. Ab einer gewissen Einkommensverteilung, wie bereits in Kapitel 4.4 erwähnt, nimmt die Verbreitung des Energieträgers Gas eine gewisse Eigendynamik an. Die praktische Ausführung dieser Strategie ist demnach kein starrer Prozess, sondern sollte an die Rahmenbedingungen, genauer gesagt der Einkommensverteilung, geknüpft sein.

7.2.3 Einführung verbesserter Herdtypen

Die Verwendung verbesserter Herdtypen zielt auf einen reduzierten Brennstoffeinsatz ab. Mit relativ geringen Anschaffungskosten können hier schon beträchtliche Einsparungen an Brennstoff und Brennstoffkosten erzielt werden. In Kapitel 4.5 sind die wesentlichen Herdtypen aufgelistet.

7.3 Zusammenführung von Strategien und Szenarien zu „Hypothesen“

Um mit der Simulation beginnen zu können, bedarf werden Strategien und Szenarien verknüpft. Dabei können nur bestimmte Szenarien mit bestimmten Strategien verknüpft werden. Eine Verknüpfung wird auch Hypothese genannt. Eine im PlaNet-Tool berechnete Hypothese wird „Case“ genannt.

7.3.1 Referenz Hypothese – Hypothese 1

Die Referenz-Hypothese stellt den Referenzfall dar. Alle aktuellen Parameter werden über dem gesamten betrachteten Zeitraum beibehalten. Der Anteil von technisch verbesserten Herdtypen ist nicht nennenswert. Der Einsatz von Biokohle findet nicht statt.

Tabelle 7-1: Referenz-Hypothese - Daten

Jährliches Bevölkerungswachstum	2,35 %
Anteil der mit Kohle (Holzkohle + Biokohle) zubereiteten Mahlzeiten	8 %
Anteil der mit Brennholz zubereiteten Mahlzeiten	90 %
Anteil der mit Gas zubereiteten Mahlzeiten	2 %
Anteil von Biokohle an Kohle insgesamt	0 %

7.3.2 Hypothese „3 futs“ – Hypothese 2

Mit der Hypothese „3 futs“ wird der Einfluss der Einführung der Karbonisierungsmethode „3 fûts“ unter sonst gleichen Rahmenbedingungen wie in der Referenz-Hypothese simuliert.

Tabelle 7-2: Hypothese „Einführung der Karbonisierungsmethode 3 fûts“ - Daten

Jährliches Bevölkerungswachstum	2,35 %	
Anteil der mit Kohle (Holzkohle + Biokohle) zubereiteten Mahlzeiten	8 % (2003)	37 % (2020)
Anteil der mit Brennholz zubereiteten Mahlzeiten	90% (2003)	61 % (2020)
Anteil der mit Gas zubereiteten Mahlzeiten	2 %	
Anteil von Biokohle an Kohle insgesamt	0 % (2003)	78 % (2020)

7.3.3 Hypothese „Positive Entwicklung“ – Hypothese 3

In der Hypothese „Positive Entwicklung“ werden die Szenarien „Positive wirtschaftliche Entwicklung“ und „Zunahme des jährlichen Bevölkerungswachstums“ mit den Strategien „Einführung von Gas“ und „Einführung verbesserter Herdtypen“ verbunden.

Tabelle 7-3: Hypothese „Positive Entwicklung“ - Daten

Jährliches Bevölkerungswachstum	2,35 % (2003)	3,15 % (2020)
Anteil der mit Kohle (Holzkohle + Biokohle) zubereiteten Mahlzeiten	8 % (2003)	22 % (2020)
Anteil der mit Brennholz zubereiteten Mahlzeiten	90 % (2003)	59 % (2020)
Anteil der mit Gas zubereiteten Mahlzeiten	2 % (2003)	19 % (2020)
Anteil von Biokohle an Kohle insgesamt	0 %	

7.3.4 Hypothese „Positive Entwicklung + Einführung der Karbonisierungsmethode 3 futs“ – Hypothese 4

Die Hypothese „Positive Entwicklung + Einführung der Karbonisierungsmethode 3 fûts“ basiert auf Hypothese 3, wobei die Nutzung von Biokohle zusätzlich integriert wird.

Tabelle 7-4: Hypothese „Positive Entwicklung + Einführung der Karbonisierungsmethode 3 fûts“ - Daten

Jährliches Bevölkerungswachstum	2,35 % (2003)	3,15 % (2020)
Anteil der mit Kohle (Holzkohle + Biokohle) zubereiteten Mahlzeiten	8 % (2003)	37 % (2020)
Anteil der mit Brennholz zubereiteten Mahlzeiten	90 % (2003)	44 % (2020)
Anteil der mit Gas zubereiteten Mahlzeiten	2 % (2003)	19 % (2020)
Anteil von Biokohle an Kohle insgesamt	1 % (2003)	70 % (2020)

7.3.5 Hypothese „Negative Entwicklung“ – Hypothese 5

In der Hypothese „Negative Entwicklung“ werden die Szenarien „Negative wirtschaftliche Entwicklung“ und „Abnahme des jährlichen Bevölkerungswachstums“ verbunden. Die Energieträgerverteilung bezüglich des Primärenergieverbrauches bleibt während des gesamten Planungszeitraumes konstant.

Tabelle 7-5: Hypothese „Negative Entwicklung“ - Daten

Jährliches Bevölkerungswachstum	2,35 % (2003)	1,55 % (2020)
Anteil der mit Kohle (Holzkohle + Biokohle) zubereiteten Mahlzeiten	8 %	
Anteil der mit Brennholz zubereiteten Mahlzeiten	92 %	
Anteil der mit Gas zubereiteten Mahlzeiten	0 %	
Anteil von Biokohle an Kohle insgesamt	0 %	

8 Modellergebnisse

Im Folgenden wird für jeden Case jeweils der kumulierte jährliche Energieträgerverbrauch grafisch dargestellt. Zu beachten ist hierbei der unterschiedliche gewichtsspezifische Energiegehalt der einzelnen Energieträger

8.1 Energieträgerverbrauch in Case Referenz

Der Energieträgerverbrauch ist hier durch einen stark anwachsenden Verbrauch an Holz und Holzkohle gekennzeichnet. Dabei steigt allein der Holzanteil von 1330 Tonnen im Jahre 2003 auf knapp 2000 Tonnen im Jahr 2020 an (!). Der Gasverbrauch fällt dagegen kaum ins Gewicht. Mit einem Anstieg des Holzverbrauches von 50 % während des Planungszeitraumes erhöht sich der Druck auf den angrenzenden Wald erheblich.

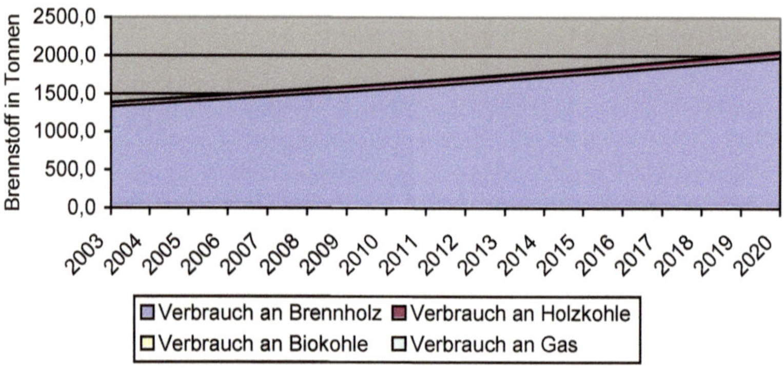

Abbildung 8-1: Kumulierter Energieträgerverbrauch in Case Referenz

8.2 Energieträgerverbrauch in Case „Einführung der Karbonisierungsmethode 3 fûts“

In diesem Fall steigt der jährliche Holzverbrauch zunächst an. Ab 2015 fällt dieser Wert auf 1330 Tonnen im Jahr 2020. Dieser Effekt ergibt sich aus dem kontinuierlich wachsenden Anteils des Energieträgers Biokohle. Der Gesamt-Energieträgerverbrauch nimmt, wenn auch nicht so stark wie im Case Referenz, zu – von 1400 Tonnen auf 1800 Tonnen.

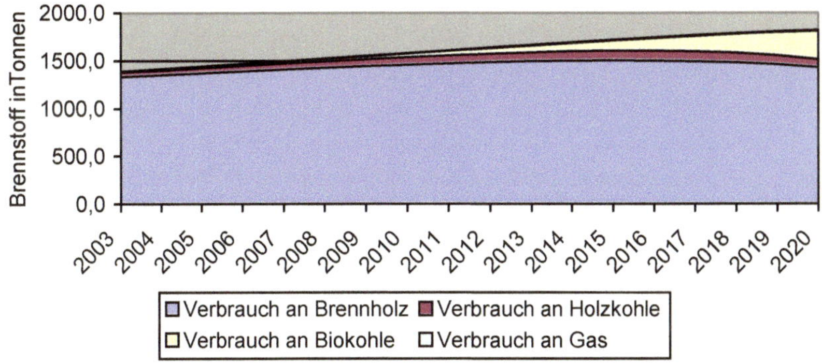

Abbildung 8-2: Kumulierter Energieträgerverbrauch in Case „Einführung der Karbonisierungsmethode 3 fûts"

8.3 Energieträgerverbrauch in Case „Positive Entwicklung"

Neben dem Zuwachs des Gasverbrauchs von 4 Tonnen (2003) auf 55 Tonnen (2020) steigt ebenso der Verbrauch von Holzkohle von 50 Tonnen auf 180 Tonnen. Der jährliche Holzverbrauch fällt gegen Ende des Planungshorizontes auf den Wert von 2003 – 1330 Tonnen, trotz eines starken Bevölkerungswachstums.

Die Nutzung des Waldes nimmt vordergründig also nicht zu – vorausgesetzt die Holzkohle wird nicht innerhalb der räumlichen Systemgrenzen hergestellt.

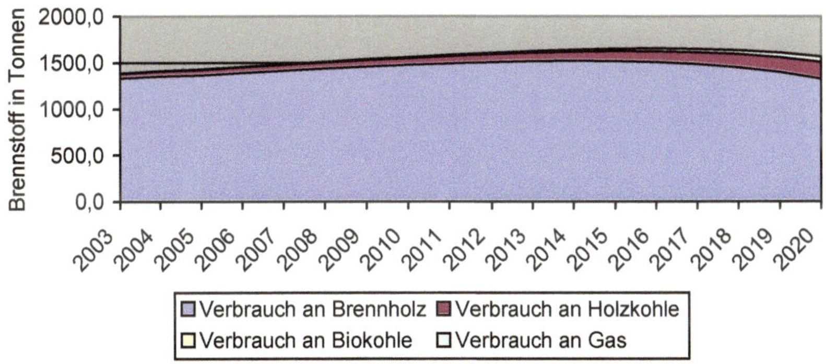

Abbildung 8-3: Kumulierter Energieträgerverbrauch in Case „ Positive Entwicklung"

8.4 Energieträgerverbrauch in Case „Positive Entwicklung + Einführung der Karbonisierungsmethode 3 fûts"

Der Brennholzbedarf fällt auf knapp 1000 Tonnen (2020) verursacht durch die rasch wachsenden Anteile der Energieträger Gas und Biokohle. Der Holzkohleanteil verdoppelt sich von 50 Tonnen (2003) auf 100 Tonnen (2020). Selbst im Falle einer Herstellung der gesamten Menge an Holzkohle innerhalb der räumlichen Systemgrenzen im Jahr 2020 würde sich der Druck auf die Wälder im Vergleich zu 2003 nicht wesentlich erhöhen. Die systeminterne Herstellung von Holzkohle wäre in diesem Fall also nachhaltig. Im Vergleich zum Referenzfall können im Jahre 2020 bis zu 1000 Tonnen an Schichtholz eingespart werden.

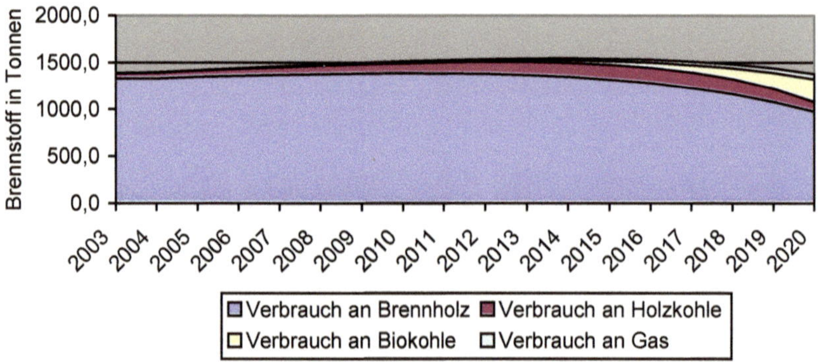

Abbildung 8-4: Kumulierter Energieträgerverbrauch in Case „Positive Entwicklung + Einführung der Karbonisierungsmethode 3 fûts“

8.5 Energieträgerverbrauch in Case „Negative Entwicklung“

Ähnlich dem Referenzfall steigt der Verbrauch von Holz und Holzkohle stark an. Sollte das jährliche Bevölkerungswachstum noch weiter sinken, würde der Verbrauch der beiden Energieträger mehr oder weniger stagnieren – allerdings auf einem hohen Niveau.

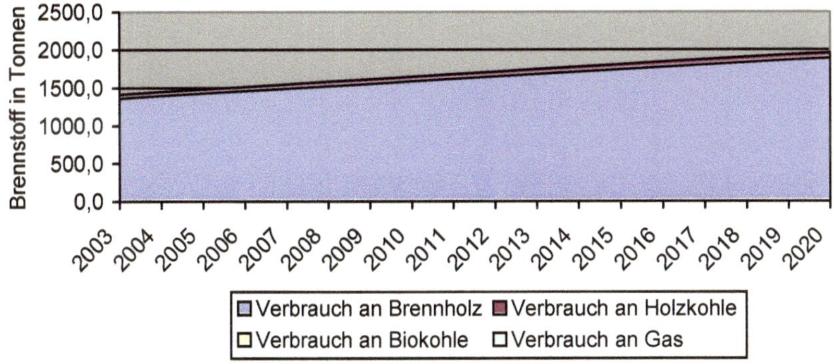

Abbildung 8-5: Kumulierter Energieträgerverbrauch in Case „Negative Entwicklung“

9 Wirtschaftlichkeitsrechnung

Mit Hilfe einer überschlägigen Wirtschaftlichkeitsrechnung sollen ansatzweise die kumulierten Energieträgerkosten der fünf simulierten Fälle dargestellt werden. Dabei sind mögliche Erlöse aus dem Verkauf von überschüssigen Energieträgern nicht berücksichtigt. Aufgrund der unvorhersehbaren jeweiligen Preisentwicklung der einzelnen Energieträger bleiben die der Berechnung zugrunde liegenden Preise über den gesamten Planungszeitraum hinweg konstant. Der Preis für Holzkohle (Region Kaolack) liegt bei 90 FCFA/kg /Transafricaine de Technologie/, der von Gas wird mit 250 FCFA/kg veranschlagt /Comité National des Hydrocabures/. Der regionale Marktpreis von Brennholz entspricht nicht dem realen Preis in Nganda – er liegt dort bei ca. 10 FCFA/kg. Der vom Endverbraucher zu zahlende Marktpreis für Biokohle, mit Typha als Einsatzmaterial, beläuft sich auf 30 – 45 FCFA/kg /PREDAS, 2003/. In Nganda kommen prinzipiell alle landwirtschaftlichen Biomasseabfälle als Einsatzmaterial in Frage. Der Preis von Biokohle in Nganda wird pauschal mit 40 FCFA/kg veranschlagt.
Anm.: 655 FCFA entsprechen ungefähr 1 €

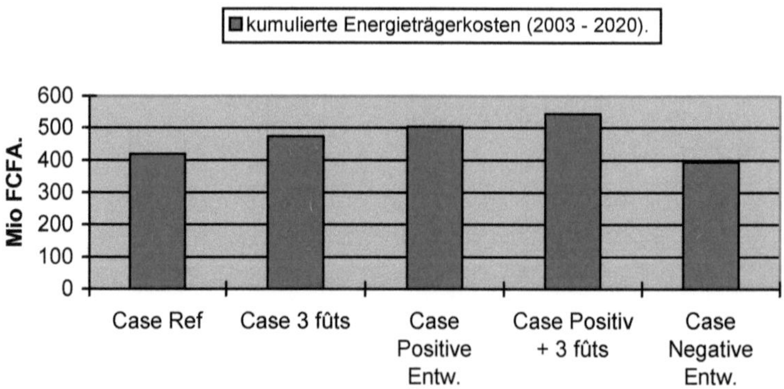

Abbildung 9-1: Energieträgerkosten der Cases 1 – 5

In Abbildung 9-1 lassen sich die kumulierten Energieträgerkosten des gesamten Planungszeitraumes auf der linken Größenachse ablesen. Zusätzliche Anschaffungen für Gaskocher sind nicht berücksichtigt, da bereits jetzt schon zwischen 15 und 20 % aller Haushalte in Nganda Gaskocher besitzen /Schneider, 2001/.

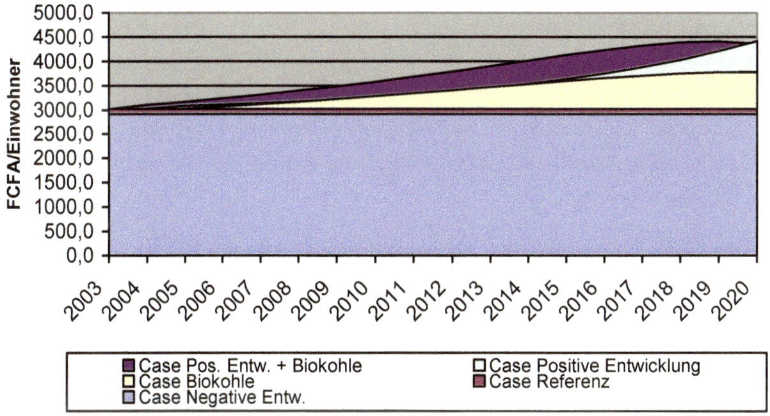

Abbildung 9-2: Gesamt - Energieträgerkosten pro Einwohner

In Abbildung 9-2 sind die jährlichen Energieträgerkosten pro Einwohner abgebildet.

Zu jedem Case wurden die einzelnen Energieträgerkosten eines Jahres zu den Gesamt – Energieträgerkosten aufsummiert und durch die jeweilige Bevölkerungsanzahl geteilt. Dabei ist dem von Case zu Case verschiedenen Bevölkerungswachstum Rechnung getragen worden. Während die spezifischen Energieträgerkosten im Case Referenz sowie im Case Negative Entwicklung stagnieren, steigen sie in den übrigen Fällen deutlich. Zunächst steigen die Kosten im Case Positive Entwicklung + 3 fûts am stärksten an. Da sich über den betrachteten Zeitraum der Holzkohleanteil zugunsten des Biokohleanteils gemessen am Energieträgerverbrauch verringert, nehmen die spezifischen Kosten ab dem Jahre 2016 nur noch geringfügig zu.

Am Ende des Betrachtungszeitraumes liegen die spezifischen Kosten der beiden Fälle Positive Entwicklung sowie Positive Entwicklung + 3 fûts bei ca. 4500 FCFA und damit um gut 50% über denen des Case Referenz. Sind diese hohen Kosten vertretbar?

Die Kosten sind dann gerechtfertigt, wenn der Holzverbrauch und damit der Druck auf die Wälder entscheidend abnimmt. Denn mit der Abnahme der Waldfläche sinken auch die Erlöse aus dem Handel mit Waldprodukten wie zum Beispiel Früchte, Honig oder Wild. Der in Abbildung 9-3 dargestellte kumulierte Holzverbrauch berücksichtigt sowohl den Brennholzbedarf als auch den Bedarf an Holz zur Holzkohleherstellung. Bis zum Jahre 2016 ist der kumulierte Holzverbrauch in allen Cases beinahe gleich. Erst danach kommt der kontinuierlich steigende Anteil des Energieträgers Biokohle am Gesamtenergieträgerverbrauch im Case Positive Entwicklung + 3 fûts sowie im Case 3 fûts zum Tragen. Im Jahre 2020 lassen sich im günstigsten Fall gegenüber dem Case Referenz schon bis zu 1000 t Holz einsparen.

Wird eine positive wirtschaftliche Entwicklung unterstellt, einhergehend mit einem steigenden Anteil der Energieträger Gas und Holzkohle, geht der Brennholzbedarf stark zurück. Sofern die Holzkohle aber langfristig nicht durch Biokohle ergänzt oder ersetzt wird, steigt der Gesamtholzbedarf weiterhin stark an. Im Case Positive Entwicklung liegt der Gesamtholzbedarf im Jahre 2020 bei 2400t und damit nur geringfügig unter dem des Case Referenz.

Daraus resultiert folgendes:

Im Falle einer positiven wirtschaftlichen Entwicklung sollte man sich nicht nur auf die breite Einführung von Gas in Nganda konzentrieren. Der im Vergleich zu Gas sehr viel günstigere Energieträger Biokohle eignet sich hervorragend dazu in Nganda Holzkohle und Brennholz zu ergänzen. Für dessen Einsatz spricht auch die örtliche Verfügbarkeit von landwirtschaftlichen Abfällen, die zur Herstellung benötigt werden. Bis auf wenige Ausnahmen befinden sich alle zur Produktion von Biokohle notwendigen Ressourcen innerhalb der Systemgrenzen. Gas muss über die Systemgrenzen hinweg importiert werden und hat einen massiven Geldmittelabfluss zur Folge.

Sollte die wirtschaftliche Entwicklung weniger positiv verlaufen mit einem stagnierenden Pro-Kopf-Einkommen, ist die Einführung der Karbonisierungsanlage trotz höherer spezifischer Energieträgerkosten dennoch sinnvoll. So werden im Case 3 fûts am Ende des Betrachtungszeitraumes 500t Holz weniger verbraucht als im Case Referenz.

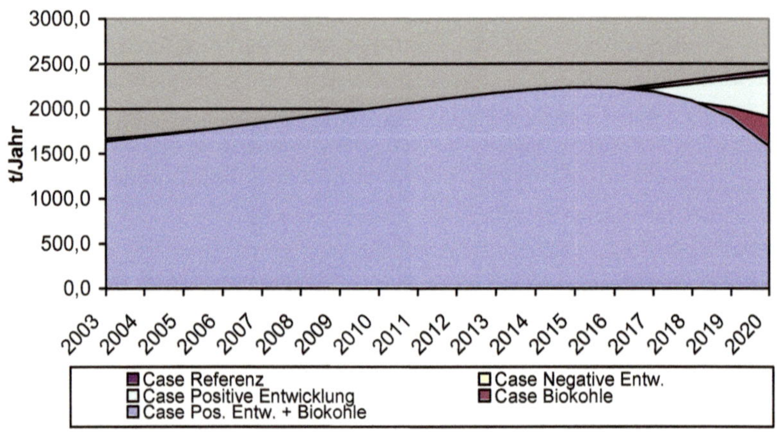

Abbildung 9-3: Kumulierter Holzverbrauch (Brennholz + Holzeinsatz für Holzkohle)

10 Zusammenfassung und Ausblick

Der Wald im Senegal nimmt jährlich um 45.000 ha ab. Daher wurden bereits in der Vergangenheit einige Projekte ins Leben gerufen, deren Zielsetzung die Substitution von Holz und Holzkohle durch andere Brennstoffe sowie die Verbreitung von technisch verbesserten Herdtypen war. Namentlich sei an dieser Stelle das PSACD erwähnt.

Im Rahmen des aktuellen PERACOD-Projekts wurde mit MESAP ein Modell für das Haushaltsenergiesystem der Gemeinde Nganda erstellt. Die globale Zielsetzung war hierbei zunächst, die Machbarkeit von MESAP auf ländlichem Niveau sicherzustellen.

Ein weiterer Gedanke war es, die für die Konstruktion des Energieschemas unentbehrlichen Informationen, Daten und Rahmenbedingungen zu spezifizieren und zusammenzutragen. Wenngleich viele Daten bei der Anwendung von MESAP auf ländlichem Niveau von denen auf nationaler Ebene nicht unterscheiden, so gibt es eine Anzahl von ortsspezifischen Daten, wie zum Beispiel der Anzahl von Einwohnern pro Haushalt oder der jährlichen landwirtschaftlichen Produktion, die neu bestimmt werden müssen. Oftmals sind jene ortsspezifischen Daten nicht frei verfügbar. In diesem Fall sind zu deren Bestimmung Befragungen, Messungen oder aber auch Abschätzungen notwendig. Es empfiehlt sich im Übrigen, ganz allgemein mit Abschätzungen im Bereich landwirtschaftliche Produktion sowie Einkommensverteilung zu arbeiten – der zeitliche Aufwand für exakte Messungen wäre zu groß.

In das in MESAP aufgebaute Modell sind fünf Fälle integriert, die zukünftige wirtschaftliche und demographische Entwicklungen einerseits und mögliche Energieträgerverteilungen sowie den Einsatz neuer Technologien abbilden. Bei der Wahl der räumlichen Systemgrenzen stehen die sechzehn am Forst „Dankou“ angrenzenden Dörfer im Fokus. Der zeitliche Planungshorizont beginnt 2003 und endet mit dem Jahr 2020.

Mit den Simulationsergebnissen konnte der spezifische Energieträgerverbrauch sowie überschlägig die damit verbundenen Kosten dargestellt werden. Aus der Modellrechnung ist klar ersichtlich, dass mit einem Energieträgeranteil von 37 % Kohle, davon 70 % Biokohle, 19 % Gas bis zu 1000 Tonnen Schichtholz gegenüber dem Referenzfall eingespart werden können. Diese Energieträgeranteile sind allerdings nur im Rahmen einer deutlichen wirtschaftlichen Verbesserung durchsetzbar. Ist eine positive wirtschaftliche Entwicklung nicht gegeben macht es wie in Kapitel 9 schon erwähnt Sinn die Karbonisierungsanlage „3 fûts“ in Nganda einzuführen. Schon im Jahre 2020 lassen sich gegenüber dem Case Referenz 2020 500t Brennholz einsparen. Zum Vergleich: Auf der gesamten Waldfläche von Nganda wachsen jährlich 2500 t Holz nach

/Chesneau, 2003/. Um noch eindeutigere Aussagen über das Kosten-Nutzen Verhältnis der Einführung der Karbonisierungsanlage „3 fûts“ treffen zu können ist folgendes notwendig:
Eine genaue Bewertung des wirtschaftlichen Nutzens des Waldes in Nganda, d.h. es interessiert zum Beispiel die Fragestellung wie hoch sind die Erlöse aus dem Handel mit Waldprodukten pro Fläche. Daneben kann ab einer ausreichend großen Biokohle-Produktion gegebenenfalls Biokohle exportiert werden. Diese Erlöse müssen dann wiederum in die Kosten-Nutzen-Analyse einfliessen.
Da die Biomassedurchsätze bei der Karbonisierungsanlage kontinuierlich steigen ergeben sich daraus unterschiedliche Kosten und Einnahmen (der Betreiber) während des Zeitraumes.

Als Konsequenz daraus ergibt sich die Notwendigkeit einer dynamischen Wirtschaftlichkeitsberechnung zur Bestimmung der Kosten für Biokohle. Jedoch sind bislang entscheidende Fragen noch ungeklärt:

- Wie viel kostet der Biomasseabfall?
- Wo werden die Karbonisierungsbehälter aufgestellt und wie hoch sind dann die davon abhängigen Transportkosten des Einsatzmaterials?
- Wo wird die karbonisierte Biomasse weiterverarbeitet (brikettiert)?
- Woher stammt die zur Weiterverarbeitung notwendige Melasse und wie hoch sind die davon abhängigen Transportkosten?

Bevor diese Fragen nicht geklärt sind, wäre eine Anwendung der dynamischen Wirtschaftlichkeitsberechnung nicht seriös. Daher ist der Preis von Biokohle pauschal festgesetzt worden.

Literaturverzeichnis

/Auswärtiges Amt, 2003/

Auswärtiges Amt: Länderinfos Senegal, www.auswaertiges-amt.de, 2002

/BAGANI, 2002/

BAGANI : Atelier TYPHA (CD-ROM), 2002

/Bio – Alternative SA, 1999/

Bio – Alternative S A : Valorisation des déchets forestiers et agricoles

/Chesneau, 2002/

Chesneau, C. : Mise en Amenagement participatif des forets, 2002

/CILSS, 2000/

CILSS : Energies Domestiques Au Sahel , 2000

/DE, 2000/

Direction de l´Energie : L´Energie au Sénégal, chiffres-clés et évolutions, 2000

/Diedhiou, 1998/ :

Diedhiou, B. : Etude sur la technologie de quelques meules de carbonisation utilisés au Sénégal , 1998

/Diouf, 1998/

Diouf, L. , Diop, A. : Etude diagnostique des villages riverains de la foret de Dankou

/ENEA, 2001/

Ecole Nationale d´economie appliquée : Réalisation d´un système energetique de référence, 2001

/Faye, 2003/

Faye, C. : Rapport d´activités du mois Séptèmbre, 2003

/FAO, 2000/
Food and Agriculture Organisation of the United Nations : Senegal – Forest cover state and change, 2000

/Frank, 2001/.
Frank, A.: Résultats…sur les PFNL..en Kaolack, Dakar et Nganda, 2001

/Goeft, 2003/ A.
Goeft, A.: Préparation du PERACOD, 2003

/Henning/
Henning, R.: Valorisation de Typha comme combustible domestique

/Henning/
Henning, R. : Energies domestiques à partir des déchets agricoles

/Inge Sahel, 1998/
Inge Sahel : Etude de faisabilité...comme combustibles domestiques, 1998

/Kersten, 1998/.
Kersten, I. ; Affoudji, M. ; Mbodj, F. ; Diallo, A. ; Fall, M. ; Faye, C. ; Ndoye, M. ; Cissé, S. : Situation Energétique à Usages Domestiques et Commercial à Kaolack, Sénégal – Rapport Final, PSACD, Dakar, 1998.

/LEA/
LEA - université de Dakar : Realisation d´un systeme energetique au Senegal

/Neubauer, 2000/
Neubauer,M. : Substitution von Holzkohle durch Karbonisierung nicht forstlicher produkte und deren Auswirkungen auf den Wald im Senegal, Diplomarbeit IER, Band 0342, Universität Stuttgart, 2000

/PREDAS, 2003/
PREDAS (Programme Regional de Promotion des Energies Domestiques et Alternatives au Sahel): Rapport du Test de Valorisation Energetique du Typha Australis au Mali; Carbonisation et Agglomeration, 2003

/PRO NATURA, 2000/
PRO NATURA : Charbon de Biomasse au Senegal, 2000

/Schlenzig, 1998/
Schlenzig,C. ; Kersten, I. : Modélisation du Sous-Secteur Combustibles Domestiques au Sénégal, 1998

/Schlenzig, 1998/
Schlenzig, C. : PlaNet, ein entscheidungsunterstützendes System für die Energie und Umweltplanung, Forschungsbericht IER, Band 47, Institut für Energiewirtschaft und Rationelle Energieanwendung, Universität Stuttgart, 1998

/Schneider, 2002/
Schneider, B. : Enquête auprès…sur la consommation des Produits Forestiers Non Ligneux…Dankou, 2002

/SEMIS,1998/
SEMIS (Servis de l´Energie en Milieu Sahélien) : Etude sur les Energies Domestiques au Sénegal , 1998

/SEMIS/
SEMIS : Etudes sur l´evaluation des experiences et des couts d´approvisionnement…des foyers améliorés

/Staiger, 2000/
Staiger, B.: Strategien zur Minderung des Holzverbrauchs und zur Erhaltung des Waldes im Senegal, Diplomarbeit IER, Band 0316, Universität Stuttgart, 2000

/The World Bank Group, 2002/
The World Bank Group: Senegal in a Glance 2000, http://www.worldbank.org/sn, 2002

/Transafricaine de Technologie, 1998/
Transafricaine de Technologie : Etude des Structures des Prix des Combustibles domestiques au Sénégal, 1998

/Voß, 2000/

Voß, A. : Energiesysteme II, Vorlesungsmanuskript, Institut für Energiewirtschaft und Rationelle Energieanwendung, Universität Stuttgart, 2000

/Voß, 2001/

Voß, A. : Energiesysteme I, Vorlesungsmanuskript, Institut für Energiewirtschaft und Rationelle Energieanwendung, Universität Stuttgart, 2001

/WEC, 2003/

World Energy Council: Country data Senegal, www.wec-africa.org, 2003

/Waiblinger, 2003/

Waiblinger, W.: Energetische Nutzung industrieller Abfallstoffe am Beispiel NOVASEN Senegal, Diplomarbeit, 2003

/Wiese, 1995/

Wiese, B.: Senegal, Gambia, Länder der Sahel-Sudan-Zone, Perthes Länderprofile, Justus Perthes Verlag Gotha, Stuttgart, 1995